Doris Asmani Mat Yusof
Mohamed Hafeez Ahamed Jaheen

Pressão estática de empacotamento padrão (SSPP) Método laboratorial

Doris Asmani Mat Yusof
Mohamed Hafeez Ahamed Jaheen

Pressão estática de empacotamento padrão (SSPP) Método laboratorial

Estudo comparativo dos métodos de compactação laboratorial SSPP e Standard Proctor

ScienciaScripts

Imprint

Any brand names and product names mentioned in this book are subject to trademark, brand or patent protection and are trademarks or registered trademarks of their respective holders. The use of brand names, product names, common names, trade names, product descriptions etc. even without a particular marking in this work is in no way to be construed to mean that such names may be regarded as unrestricted in respect of trademark and brand protection legislation and could thus be used by anyone.

Cover image: www.ingimage.com

This book is a translation from the original published under ISBN 978-3-659-88377-4.

Publisher:
Sciencia Scripts
is a trademark of
Dodo Books Indian Ocean Ltd. and OmniScriptum S.R.L publishing group

120 High Road, East Finchley, London, N2 9ED, United Kingdom
Str. Armeneasca 28/1, office 1, Chisinau MD-2012, Republic of Moldova, Europe
Printed at: see last page
ISBN: 978-620-7-86272-6

RESUMO

O desenvolvimento mais conhecido do ensaio de compactação é conhecido como o Ensaio Proctor Padrão, que é utilizado para estimar o valor da densidade dos solos. No entanto, o conceito de laboratório produzido por Proctor (1933) tem algumas imperfeições na determinação do valor da Densidade Seca Máxima (MDD) e do Teor de Humidade Ótimo (OMC). Também tem algumas imperfeições na aplicação onde o método que é aplicado no campo e no laboratório para medir a densidade do solo é diferente. A técnica de compactação aplicada na camada de sub-base rodoviária para solos coesivos é a utilização de uma máquina compactadora de rolos (técnica estática), enquanto a técnica aplicada em laboratório é o método de compactação dinâmica. Assim, foi desenvolvido um novo método de compactação em laboratório para determinar a densidade e a resistência ao cisalhamento es utilizando esforços de pressão de empacotamento estático padrão (SSPP), a fim de fechar a lacuna entre os dados de laboratório e de campo. Neste estudo, sete (7) tipos de solo baseados na carta de plasticidade foram testados em vários ensaios para obter os parâmetros de engenharia importantes, tais como a densidade (pd), o teor de água (wc), a resistência ao cisalhamento (Cu) e a energia de compactação (E) dos solos. Com base nos resultados laboratoriais, verificou-se que o método SSPP é mais prático e sensato do que a compactação dinâmica. O SSPP para o solo B obteve MDD de 1,86 Mg/m3 , OMC de 14,32%, a quantidade de energia utilizada (ESSPP) de 544,5 kJ/m3 , e a resistência ao cisalhamento (Cu) de 259 kPa. Em seguida, o solo B para a compactação dinâmica obteve MDD de 1,74 Mg/m3 , OMC 16,31%, a quantidade de energia utilizada (EDy) 597 kJ/m3 , e a resistência ao cisalhamento (Cu) 115 kPa. Por conseguinte, o SSPP atingiu o valor mais elevado de MDD e Cu, embora as amostras de solo necessitem de uma menor quantidade de energia em comparação com o método dinâmico. Uma quantidade equivalente de entrada de energia; E(Dy) é imposta a todos os tipos de solo através do método de compactação dinâmica, enquanto a entrada de energia por SSPP; E(SSPP) é diferente para cada tipo de solo. Nesta investigação, foi desenvolvido um novo método de compactação em laboratório para melhorar os parâmetros de engenharia, especialmente para o projeto de construção de estradas.

ÍNDICE DE CONTEÚDOS:

LISTA DE ABREVIATURAS

A	Cross sectional area
AASHTO	American Association of State Highway and Transportation Officials
ASTM	American Society for Testing and Materials
BS	British Standard
C	Cohesion
CH	High of plasticity clay
CI	Intermediate of plasticity clay
CPT	Cone Penetration Test
C_u	Shear strength
cm	centimetre
ds	Linear equation
E	Young's Modulus
E_{Dy}	Dynamic Energy
E_{SSPP}	SSPP Energy
F	Force
H	Height
I_P	Plasticity Index
JKR	Jabatan Kerja Raya
kg	kilogram
L	Length
MDD	Maximum Dry Density
MH	High of plasticity silt
MEAS	Measuring software
MI	Intermediate of plasticity silt
min	minute
ml	millimetre
ML	Low of plasticity silt
mm	millimetre
MS	Asphalt Institute
N_B	Number of Blows

N_L	Number of Layers
OMC	Optimum Moisture Content
Pa	Pascal
PSD	Particle Size Distribution
SSPP	Standard Static Packing Pressure
UCS	Uniaxial Compressive Stress
UCT	Unconfined Compression Test
UU	Unconsolidated Undrained
W	Work
w_c	water content
w_L	Liquid Limit
w_P	Plastic Limit
%	percent
e	void ratio
ρ_a	Air void density
ρ_b	Bulk density
ρ_d	Dry density
ρ_s	Soil density
ρ_w	Density of water
σ	Uniaxial stress
σ_1	Normal stress
σ_3	Confining pressure/Pore water pressure
ε	Strain
ΔL	Change of specimen length
q_u	Normal stress
$\varnothing$	Diameter
$^\circ C$	Degree Celsius
μm	micrometre

CAPÍTULO 1

INTRODUÇÃO

1.1 Antecedentes do estudo

Para efeitos de engenharia, o solo é considerado um material particulado de composição variável que ocorre naturalmente e que tem propriedades como a resistência, a permeabilidade e a compressibilidade. A descrição de cada solo depende da composição mineral desse solo. Geralmente, a textura e a classificação dos solos variam de um lugar para outro no nosso planeta. Este estudo centra-se na área dos solos coesivos. Para cumprir este requisito do estudo, o solo coeso foi recolhido em sete (7) locais. Durante a investigação no local de construção da estrada, foram determinados os valores da densidade seca máxima (MDD), do teor de humidade ótimo (OMC) e da resistência ao cisalhamento (c_u). Assim, os principais objectivos deste estudo são a medição das propriedades de engenharia do solo e a comparação entre o ensaio de pressão de empacotamento estático padrão (SSPP) e o ensaio de Proctor padrão para determinar qual deles dá o resultado mais preciso. Por conseguinte, é muito importante medir e compreender as características e os parâmetros do solo que é utilizado na construção de estradas.

A terraplanagem é uma das actividades na fase inicial que é necessária antes da construção da estrada. A compactação do solo é um aspeto importante no projeto de construção de estradas, especialmente para a camada de sub-base da estrada. A camada de subleito é a principal camada que recebe as cargas dos veículos. Por conseguinte, é necessária uma técnica de compactação laboratorial adequada para medir o grau de compactação de valor mais elevado. A prática habitual em qualquer projeto de construção de estradas consiste em realizar ensaios de compactação em laboratório em amostras de solo representativas do local de construção para determinar o OMC e o MDD. Na construção de estradas, a área preenchida tem de ser bem compactada para garantir que a resistência ao cisalhamento e o grau de compactação estejam no ponto máximo. O aumento do valor da resistência ao cisalhamento diminuirá as falhas na superfície da estrada. É provável que ocorram falhas nas estradas de superfície quando o grau de compactação do ensaio laboratorial da camada de estrada de sub-base não apresentar dados exactos. Por conseguinte, é necessário investigar uma nova técnica potencial de compactação em laboratório, a fim de colmatar eventuais deficiências do método anterior.

O ensaio SSPP é um novo método de compactação que utiliza a pressão da força estática através de uma bomba hidráulica para aplicar uma força ascendente através do solo e comprimir as partículas do solo. O conceito de pressão de empacotamento estático foi concebido com base no conceito da máquina compactadora de rolos no campo para ser igual à técnica de compactação de laboratório e de campo. Esta investigação centra-se na comparação entre o ensaio SSPP e o ensaio Standard Proctor na medição do melhor grau de compactação e da resistência ao cisalhamento dos solos. A exatidão do grau de compactação no ensaio de laboratório é muito importante na preparação de amostras de solo para o ensaio de resistência ao cisalhamento e o ensaio CBR na conceção de pavimentos rodoviários e minimiza a percentagem de falha da estrada na camada de subleito.

1.2 Declaração do problema

O solo coeso é abundante na Malásia. A máquina de compactação de rolos é normalmente utilizada para compactar os solos da superfície da estrada sub-base. O solo coesivo que foi compactado por esta máquina irá muito provavelmente falhar antes do período de conceção da estrada. Existem vários factores que contribuem para estes problemas e um dos factores é a falha devido a um grau inadequado de compactação na camada de estrada de sub-base. As falhas nas estradas de superfície ocorrem sempre que o valor do grau de compactação no ensaio de laboratório para a camada de sub-base da estrada não corresponde à compactação real no campo.

O ensaio comum utilizado para medir o grau de compactação em laboratório é o ensaio de compactação dinâmica. O ensaio Proctor Standard não apresenta o melhor resultado na definição da densidade do solo devido à diferença dos métodos de compactação adaptados no campo da construção. Para resolver este problema, o ensaio de pressão de empacotamento estático padrão (SSPP) foi implementado como um novo método de compactação em laboratório para a determinação da densidade do solo. Para o efeito, o ensaio de pressão de empacotamento estático utiliza a força de pressão estática produzida por uma bomba hidráulica para aplicar uma força ascendente na superfície do solo e comprimir as partículas de solo. Por isso, nesta investigação, O ensaio Standard Proctor e o ensaio SSPP foram realizados como a experiência principal neste estudo.

A determinação da resistência ao cisalhamento é muito importante para estimar a resistência ao cisalhamento do solo na camada de subleito para suportar a carga pesada dos veículos. Assim, os solos da camada de subleito devem ser bem compactados para aumentar a resistência ao cisalhamento. Quanto mais elevada for a resistência ao cisalhamento, menor será a probabilidade de falha da superfície da estrada. O valor da pressão de empacotamento estático da resistência ao cisalhamento e o grau de compactação reduzirão a percentagem de falhas na camada de construção da estrada de sub-base, minimizando assim o custo de manutenção da estrada.

1.3   Objectivos do estudo

O ensaio de pressão de empacotamento estático padrão (SSPP) foi desenvolvido como uma nova técnica de compactação em laboratório. Esta investigação pretende comparar a adequação da utilização do método de pressão de empacotamento estático com a do método de compactação dinâmica em laboratório. Os objectivos específicos deste estudo proposto são;

   i.   Determinar o MDD e o OMC em amostras de solo utilizando os ensaios Standard Static Packing Pressure (SSPP) e Standard Proctor.
   ii.   Para calcular a energia de compactação $SSPP(E_{SSPP})$ valor.
   iii. Comparar o valor da resistência ao cisalhamento entre o ensaio SSPP e o ensaio Proctor Padrão.

1.4   Âmbito do estudo

Este estudo envolve uma investigação laboratorial utilizando o ensaio Standard Static Packing Pressure (SSPP) e o ensaio Standard Proctor para identificar os valores mais elevados de resistência ao cisalhamento, densidade seca máxima (MDD) e teor de humidade ótimo (OMC) entre as duas experiências. Foram recolhidas sete (7) amostras diferentes de solo coesivo para serem testadas neste estudo. O valor da resistência ao cisalhamento foi determinado através do ensaio de compressão não confinada (UCT).

Os ensaios de compactação em laboratório foram efectuados com solos coesivos de Klang, Kuala Selangor e Shah Alam. Foram recolhidos sete (7) tipos de solo coeso com diferentes características de solo com base num gráfico de plasticidade. Por conseguinte, a distribuição do tamanho das partículas (PSD), o teste de penetração do cone (CPT) e a gravidade específica (Gs) foram efectuados para determinar as propriedades físicas do solo.

1.5   Importância do estudo

O estudo de investigação irá melhorar a compreensão das propriedades de engenharia dos métodos de compactação em laboratório e das propriedades físicas das amostras de solo. Este conhecimento pode ser utilizado no desenvolvimento de uma nova invenção para a técnica de compactação em laboratório para medir com precisão o valor da densidade máxima seca (MDD) e do teor de humidade ótimo (OMC). Existem várias técnicas de compactação utilizadas na construção de estradas, tais como máquinas de compactação dinâmicas, vibratórias e estáticas ou de rolamento. As características e os parâmetros dos solos variam em função das técnicas de compactação utilizadas com base nos tipos de solos. Infelizmente, o ensaio Proctor Standard é o ensaio mais utilizado em laboratório para obter o valor do grau de compactação em comparação com qualquer outro tipo de compactação no terreno. Por conseguinte, existe uma diferença no conceito entre o método de compactação estática no campo e o ensaio dinâmico em laboratório.

Esta investigação potencial visa desenvolver uma nova técnica de compactação baseada no conceito hidráulico em laboratório. O ensaio Standard Static Packing Pressure (SSPP) é utilizado em laboratório para determinar o grau de compactação e compará-lo com o mesmo conceito de compactação estática no terreno. Assim, espera-se que o resultado do ensaio SSPP produza um valor mais elevado de resistência ao cisalhamento e de densidade seca em comparação com o ensaio Proctor Standard. A resistência ao cisalhamento do solo é o fator mais importante que contribui para a estabilidade do solo. Uma das técnicas importantes para aumentar a resistência dos solos é a compactação. Uma compactação inadequada produzirá uma baixa resistência do solo e, em última análise, aumentará a probabilidade de falha do solo.

Assim, os resultados deste estudo de investigação visam minimizar as falhas e os danos da camada de sub-base da estrada e determinar o melhor valor de resistência do solo utilizando o ensaio SSPP. Além disso, foi concebido como um novo método de compactação em laboratório para ultrapassar eventuais deficiências do ensaio Proctor Normal. Este método melhorará o grau de compactação na camada de estrada de subleito, é um método fácil de realizar e reduz diretamente o custo de manutenção para a futura conceção de estradas de subleito. Consequentemente, a produção de dados exactos a partir do laboratório produzirá uma boa qualidade de conceção de estradas de superfície.

CAPÍTULO 2

AMOSTRAGEM NO TERRENO E PROPRIEDADES FÍSICAS

2.1   Introdução

Considerando a compactação do solo, as duas grandes classificações de solos são os solos coesivos e os solos não coesivos. Os solos coesivos são aqueles que contêm quantidades suficientes de silte e argila para tornar a massa do solo praticamente impermeável quando devidamente compactada. Estes solos são todas as variedades de argilas, siltes, areias argilosas e cascalhos. Em contrapartida, os solos sem coesão são as areias e cascalhos relativamente limpos, que permanecem permeáveis mesmo quando bem compactados. Nesta investigação, a Figura 2.1 e a Figura 2.2 mostram os três principais locais seleccionados para a recolha de amostras de solo. As áreas de Kuala Selangor, Shah Alam e Klang foram seleccionadas para este estudo de investigação. Os ensaios de compactação em laboratório foram efectuados com base em solos coesivos provenientes das zonas de Klang, Kuala Selangor e Shah Alam. Os solos recolhidos foram objeto de ensaios preliminares para confirmar a sua classificação com base na tabela de plasticidade. Em seguida, a distribuição do tamanho das partículas (PSD), o teste de penetração do cone (CPT), a gravidade específica (Gs) e o teste do hidrómetro foram realizados para identificar as propriedades físicas do solo. O teste de radiação X (raios X) é então realizado para estudar a homogeneidade de cada amostra que foi preparada por pressão de empacotamento estático e teste de compactação dinâmica.

8

Figura 2. 1. Localizações das recolhas de amostras de solo
Nota: Mapa Geológico da Malásia Peninsular, 8th Edição, 1985

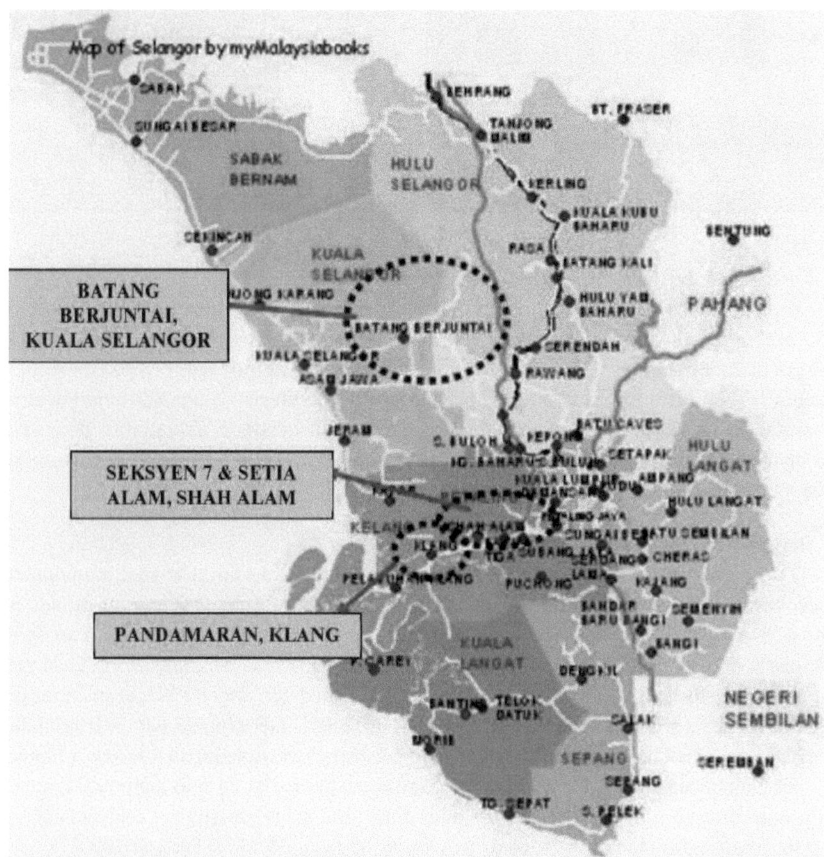

Figura 2.2 Localização das recolhas de amostras de solo
Nota: Mapa dos livros de Selangor, Malásia

2.2 Recolha de amostras de solo

A primeira fase do trabalho de laboratório é a recolha de solo ou amostragem de campo, em que foram recolhidos solos de sete (7) locais diferentes de solo coeso. Estas amostras de solo foram recolhidas em Banting, Pandamaran e Pulau Indah, em Klang; Desa Alam, em Shah Alam; e Batang Berjuntai, em Kuala Selangor.

Com base neste estudo, todas as amostras de solo foram recolhidas na zona de construção, onde as amostras de solo foram colhidas a menos de três (3) metros da superfície do solo. As amostras de solo foram armazenadas no Laboratório de Mecânica dos Solos da Faculdade de Engenharia Civil e rotuladas como A, B, C, D, E, F e G. Em seguida, todas as amostras de solo foram secas numa estufa durante 24 a 48 horas a uma temperatura de 110° C. De seguida, as amostras de solo foram desintegradas em pequenas partículas por uma máquina de abrasão de Los Angeles. As amostras de solo que foram recolhidas são apresentadas na Figura 2.3.

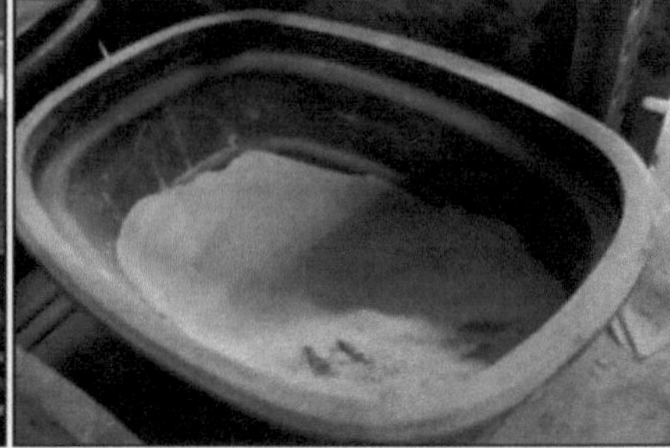

Figura 2. 1. Recolha de amostras de solo

2.3 Teste físico do solo

A classificação do solo é muito importante para determinar as características do solo e como previsão preliminar do seu comportamento. Por conseguinte, a segunda fase desta investigação consiste em efetuar trabalhos de laboratório para determinar as propriedades físicas do solo. Todos os trabalhos laboratoriais foram efectuados no Laboratório de Mecânica dos Solos da Faculdade de Engenharia Civil da UiTM. Nesta fase, foram efectuados os trabalhos laboratoriais de ensaio, tais como a distribuição do tamanho das partículas (PSD), a gravidade específica (Gs) e os ensaios do limite de Atterberg.

2.3.1 Distribuição do tamanho das partículas (PSD)

O teste PSD é uma das características mais importantes do solo. A análise granulométrica é um procedimento laboratorial padrão para determinar a PSD de um solo. O solo é constituído por um conjunto de partículas de solo de várias formas e tamanhos. O objetivo de uma análise granulométrica é determinar a percentagem relativa por peso e separar as partículas de tamanho em cada gama de tamanhos. Um agitador de peneiras mecânico é utilizado para determinar a PSD de amostras de solo, a fim de classificar os solos de acordo com as normas britânicas. Geralmente, para a determinação da PSD, existem dois métodos de peneiração disponíveis, que são a peneiração a seco e a húmida. As análises por peneiração a seco só podem ser realizadas em partículas de solo maiores do que 60 pm, enquanto a peneiração a húmido separa os grãos finos dos grãos grossos e é realizada através da lavagem da amostra de solo numa malha de peneira de 60 pm. (BS 1377: Parte 2: 1990)

2.3.2 Ensaio de densidade de partículas

De acordo com a norma BS 1377, o ensaio de densidade de partículas refere-se à gravidade específica do solo. Existem três métodos que podem ser utilizados para determinar a gravidade específica do solo. O primeiro método é o método do jarro de gás, o segundo é o método do pequeno picnómetro e o terceiro é o método do grande picnómetro. O método da jarra de gás é adequado para a maioria dos solos, incluindo os que contêm partículas do tamanho de cascalho. Em seguida, o método do Pequeno Picnómetro é adequado para solos constituídos por partículas de argila, silte e areia, enquanto o método do Grande Picnómetro é adequado para solos que contêm partículas de cascalho até tamanho médio. A caraterística do solo que foi utilizada neste estudo contém partículas de argila, silte e areia. Por conseguinte, o método do pequeno picnómetro é o método mais adequado para determinar a gravidade específica do solo.

2.3.3 Limites de Atterbeg

Os limites de Atterberg são constituídos por dois ensaios: o ensaio do limite líquido (wL) e o ensaio do limite plástico (wP). O elemento importante dos limites de Atterberg é identificar e classificar as características do solo coeso com base no valor do índice plástico (IP). O teor de humidade do solo pode ser estimado a partir destes ensaios. A estimativa do IP baseia-se nos valores de wL e wP. O wP determina o teor de humidade mais baixo no qual o solo muda de plástico para sólido semi-plástico, enquanto o wL é o termo em que o teor de água muda o solo do estado líquido para o estado plástico. Em cada estado, a consistência e o comportamento de um solo são diferentes. Assim, a fronteira entre cada estado pode ser definida com base numa alteração do comportamento do solo. Os limites de Atterberg são utilizados para distinguir diferentes tipos de siltes e argilas.

Existem dois métodos para medir o valor de wL. O primeiro método é o Ensaio de Penetração de Cone (CPT) e o segundo método é o Método Casagrande. O CPT é fundamentalmente mais satisfatório do que o segundo, porque dá resultados mais reprodutíveis. Este método tem sido utilizado durante muitos anos como base para a classificação do solo, dando valores mais exactos em comparação com o método Casagrande, porque o aparelho CPT é mais fácil de manter, mais preciso e o procedimento de ensaio é menos dependente do julgamento do operador. Por conseguinte, o CPT foi escolhido neste estudo para determinar o valor de wL. Utilizando estes três valores, o solo pode ser classificado com base na Carta de Plasticidade disponível na Norma Britânica (BS 5930:1981) e os pormenores sobre este ensaio encontram-se na (BS 1377: Parte 2: 1990).

CAPÍTULO 3
MÉTODOS DE COMPACTAÇÃO

3.1 Introdução

O ensaio Proctor normal e o ensaio de pressão de empacotamento estático normal (SSPP) foram realizados para serem comparados com base nos valores da densidade seca máxima (MDD) e do teor de humidade ótimo (OMC) de cada amostra.

O ensaio Proctor Standard foi efectuado utilizando o método Proctor baseado na norma britânica (BS 1377-1990). O ensaio SSPP é uma nova invenção para determinar a MDD e o OMC como parâmetro de compactação e foi criado com base no conceito de pressão de empacotamento estático para compactar o solo.

Os espécimes cilíndricos remoldados com 50 mm de diâmetro e 100 mm de altura (50 0 x 100 H) mm foram preparados com base no valor ótimo do teor de humidade a partir da pressão de empacotamento estático e da compactação dinâmica.

Em seguida, a UCT é utilizada para cisalhar os espécimes remoldados a partir da compactação dinâmica e da pressão de empacotamento estático para medir o valor da resistência ao cisalhamento. Além disso, o teste do rácio de suporte da Califórnia (CBR) também é efectuado para determinar qual o método que dá um valor CBR mais elevado.

Em conclusão, esta investigação tem por objetivo comparar o ensaio Proctor Standard e o ensaio SSPP para determinar quais os métodos que dão resultados mais precisos em termos de densidade, resistência ao cisalhamento e valor CBR dos solos.

3.2 Ensaio de compactação

A compactação dos solos é um processo mecânico pelo qual as partículas do solo são constrangidas a ficarem mais juntas, reduzindo os vazios de ar. A compactação do solo provoca uma diminuição dos vazios de ar e, consequentemente, um aumento da densidade seca. A Densidade Seca Máxima (MDD) e o Teor de Humidade Ótimo (OMC) foram obtidos a partir do ponto máximo da curva de compactação gráfica.

O conhecimento da MDD permite aos operadores melhorar as condições do solo in situ que, de outra forma, podem ser inadequadas para a construção. Neste ensaio, o valor MDD será automaticamente combinado com o OMC para medir a resistência óptima.

Este ensaio laboratorial é realizado para determinar a relação entre o teor de humidade e a densidade seca de um solo para um esforço de compactação especificado. O esforço de compactação é a quantidade de energia mecânica que é aplicada à massa do solo. São utilizados vários métodos diferentes para compactar o solo no terreno.

Alguns destes exemplos são a compactação, o amassamento, a vibração e a compactação com carga estática. Neste estudo laboratorial, o método de compactação dinâmica utilizado usa o tipo de equipamento e metodologia desenvolvidos por Proctor em 1933, também conhecido como ensaio Proctor.

No entanto, neste estudo de investigação é desenvolvido um novo método de compactação estática denominado ensaio de pressão de empacotamento estático padrão (SSPP) para melhorar o método de compactação em laboratório.

O ensaio Proctor Standard e o ensaio SSPP foram efectuados por rotina em laboratório para comparar qual o método que dá maior resistência ao cisalhamento e valor MDD.

3.2.1 Ensaio Proctor Standard

O ensaio Proctor Standard consiste na compactação do solo num molde, conforme especificado na Figura 3.2. Após a compactação, o OMC e o MDD do solo são determinados. Esta experiência é então repetida com diferentes teores de água para obter a curva de compactação entre o teor de água e a densidade seca.

O ensaio de compactação foi realizado antes do ensaio do California Bearing Ratio (CBR) para determinar o seu valor OMC. Isto deve-se ao facto de o valor OMC ser necessário para a realização do ensaio CBR.

O procedimento é descrito na BS 1377: Parte 2, 1990. No ensaio Proctor Standard, o solo é compactado utilizando um martelo de 2,5 kg que cai a uma distância de 30 cm num molde cheio de solo.

O molde é preenchido com três camadas iguais de solo, e cada camada é sujeita a 27 golpes do martelo. O tamanho padrão do molde de compactação é de 10 cm de diâmetro e tem um volume de cerca de 944 cm^3 . São utilizados 2,5 kg de amostra de solo seco em estufa que passa no peneiro de 2,0 mm.

De seguida, adiciona-se 5% de água destilada à amostra de solo para aumentar o seu teor de água. Depois, o solo é compactado no molde em três camadas iguais para obter a primeira leitura no gráfico de compactação.

Depois disso, este passo é repetido com um aumento gradual do teor de água em 5% para obter uma curva de compactação no gráfico de compactação. O aumento de 5% do teor de água é interrompido quando a leitura da compactação começa a diminuir. A Figura 3.1 mostra a máquina Standard Proctor e a Figura 3.2 mostra o passo do processo de compactação dinâmica.

Figura 3. 1. Máquina Proctor standard

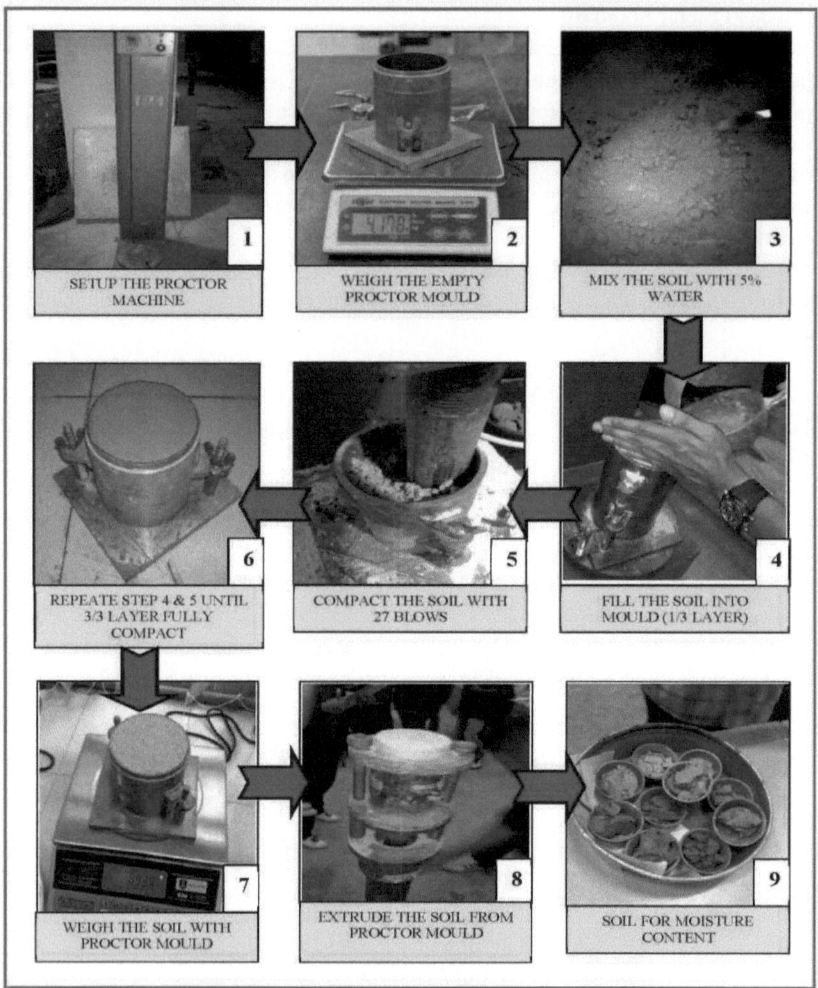

Figura 3.2. Procedimento para a realização do ensaio Proctor Standard

3.2.2 Ensaio de pressão estática de enchimento normalizada (SSPP)

O ensaio Standard Static Packing Pressure (SSPP) é uma nova conceção para a compactação do solo em laboratório que se acredita dar resultados mais precisos quando comparado com o ensaio Standard Proctor. O ensaio SSPP utiliza um conceito diferente de técnica de compactação e de conceção do molde. O ensaio de pressão de empacotamento estático é diferente em termos de tamanho do molde e da utilização de um êmbolo de revestimento cilíndrico. Geralmente, o molde de pressão de empacotamento estático é mais pequeno do que o molde proctor, pelo que a quantidade de solo necessária para o ensaio é menor. Foi concebido um novo molde de pressão Static Packing com um êmbolo cilíndrico para comprimir os solos em condições homogéneas.

A técnica de compactação por pressão de empacotamento estático é concebida com base no conceito de pressão hidráulica. A bomba hidráulica é utilizada para comprimir os solos num novo molde de pressão de empacotamento estático. O registador de dados é ligado à máquina SSPP para medir a força e o valor do deslocamento vertical. O valor da força registada representa a força interna que um solo necessita para contrabalançar a sua resistência à compressão interna até estar totalmente compactado. As amostras de solo que foram compactadas gradualmente através do ensaio de pressão de empacotamento estático são mais homogéneas na estrutura do solo em comparação com a compactação dinâmica, porque o solo é compactado numa só camada. A compactação por pressão de empacotamento estático é compactada numa camada, enquanto a dinâmica é compactada em três camadas. A Figura 3.3 mostra o diagrama esquemático da máquina SSPP e a Figura 3.4 mostra o dispositivo SSPP.

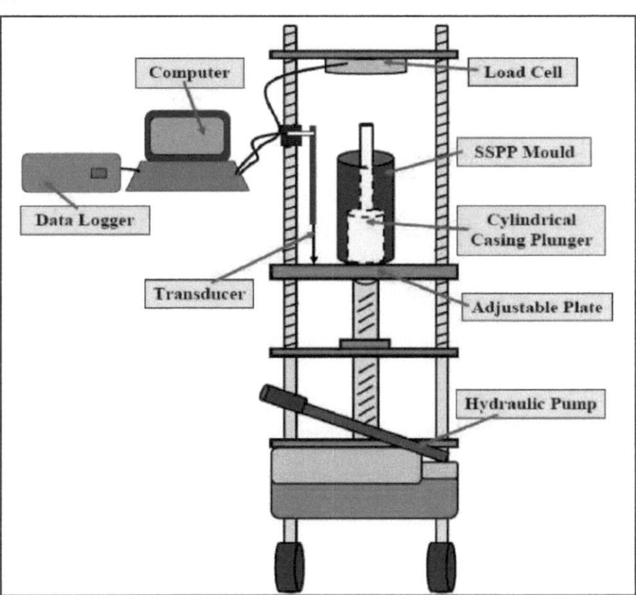

Figura 3. 3. Diagrama esquemático da máquina de pressão estática de enchimento normalizada (SSPP)

Figura 3. 4. Máquina de pressão estática de enchimento normalizada (SSPP)

O novo molde de pressão de empacotamento estático foi concebido com base na aplicação do molde de compactação dinâmica. O molde de pressão de empacotamento estático é concebido em forma

15

cilíndrica e um êmbolo de revestimento funciona como uma ferramenta para compactar a amostra de solo. O êmbolo do invólucro de pressão de enchimento estático é concebido com base na dimensão normalizada do molde de extrusão, que é de (50 0 x 100 H) mm. O objetivo da escolha do tamanho (50 0 x 100 H) mm para o ensaio de pressão estática de empacotamento padrão (SSPP) é que o solo compactado seja de tamanho igual ao das amostras de solo para o ensaio de compressão não confinada (UCT). Por conseguinte, o ensaio SSPP poupa efetivamente tempo durante o ensaio ao preparar a amostra para a análise da resistência ao cisalhamento no UCT. No projeto, as placas de tiras estão localizadas em quatro lados à volta da superfície interna do molde e funcionam para expulsar os solos e o ar à volta da superfície do molde durante o ensaio. As Figuras 3.5 e 3.6 mostram a conceção do molde do êmbolo do invólucro e da pressão de empacotamento estático a partir da vista frontal e da vista em planta.

Figura 3.5. Molde de compactação de pressão estática de enchimento padrão (SSPP) com êmbolo de revestimento

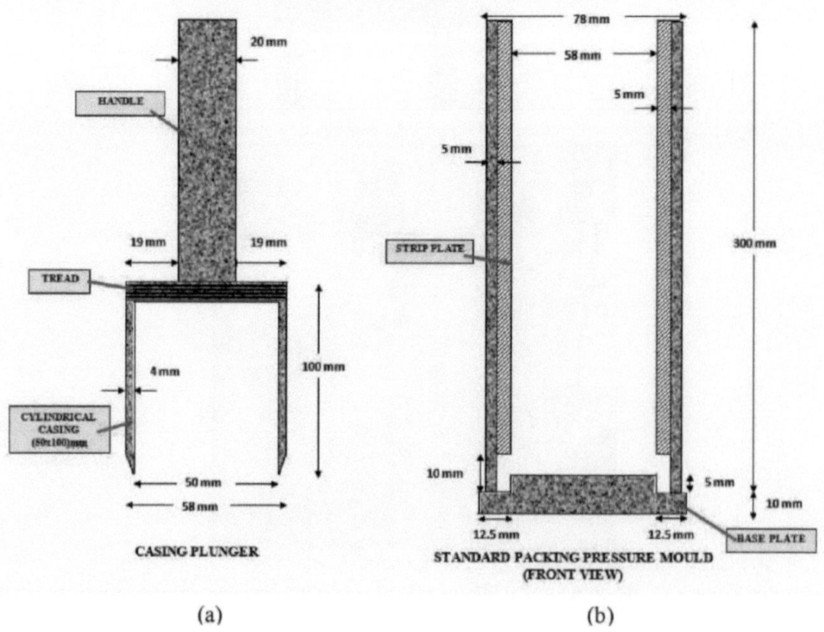

(a)   (b)

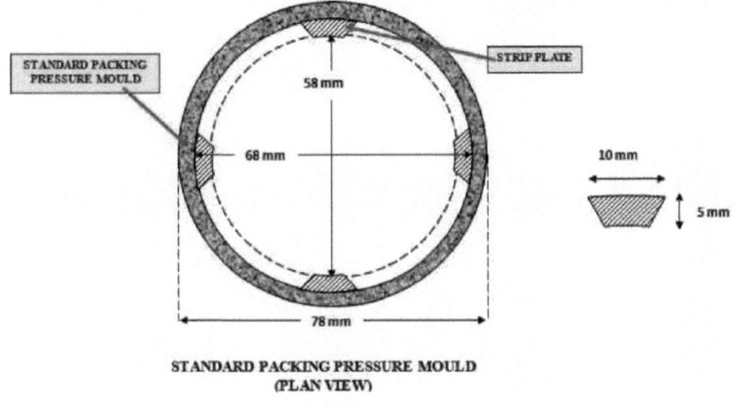

(c)

Figura 3.6. Diagrama esquemático da conceção do molde de pressão estática de enchimento normalizada (SSPP) com êmbolo do invólucro; (a) êmbolo do invólucro, (b) vista frontal do molde SSPP, (c) vista em planta do molde SSPP

O conceito do ensaio de pressão estática de empacotamento padrão (SSPP) é mais simples do que o do ensaio Proctor padrão.

A conceção deste ensaio de compactação em laboratório baseia-se na técnica de pressão de empacotamento estático no campo. São utilizados cerca de 600 gramas de amostra de solo seco que passa no peneiro de 2,0 mm.

O primeiro ensaio de compressão; 10% do teor de água é misturado cuidadosamente com 600 gramas de solo seco. Em seguida, a máquina SSPP é configurada e ligada ao registador de dados e ao computador. O software de medição denominado (MEAS) é utilizado para medir a força e o valor do deslocamento vertical.

Foi concebido um novo molde de pressão de empacotamento estático com êmbolo de revestimento para obter os melhores dados a comparar com o molde de compactação dinâmica. O solo misturado é vertido no molde de pressão de empacotamento estático e o êmbolo cilíndrico do invólucro é colocado no molde para comprimir o solo.

O MEAS é ligado para registar o valor da força e do deslocamento vertical quando a máquina de pressão de embalagem estática começa a comprimir o solo através da bomba hidráulica.

Por fim, a pega do êmbolo do invólucro cilíndrico (50Ø x100 H) mm é retirada da pega para pesar o solo com o invólucro cilíndrico. Depois disso, o passo da pressão de empacotamento estático é repetido com o aumento gradual do teor de água em 5% para obter uma curva de compactação no gráfico de compactação. O incremento de 5% do teor de água é interrompido quando a leitura da compactação começa a diminuir. Os pormenores do procedimento SSPP são apresentados na Figura 3.7.

Em conclusão, a força de pressão de compactação estática é simplesmente o peso morto da máquina, aplicando uma força descendente na superfície do solo, comprimindo as partículas do solo. A relação entre a energia de compactação, o MDD e o OMC pode ser obtida através da pressão de compactação estática de um solo num pequeno cubo com diferentes teores de humidade, enquanto se monitoriza a entrada de energia no cubo. Esta relação fornecerá informações específicas sobre o OMC a ser utilizado para atingir um determinado MDD quando a energia de compactação disponível no processo do dispositivo de pressão de empacotamento estático for conhecida.

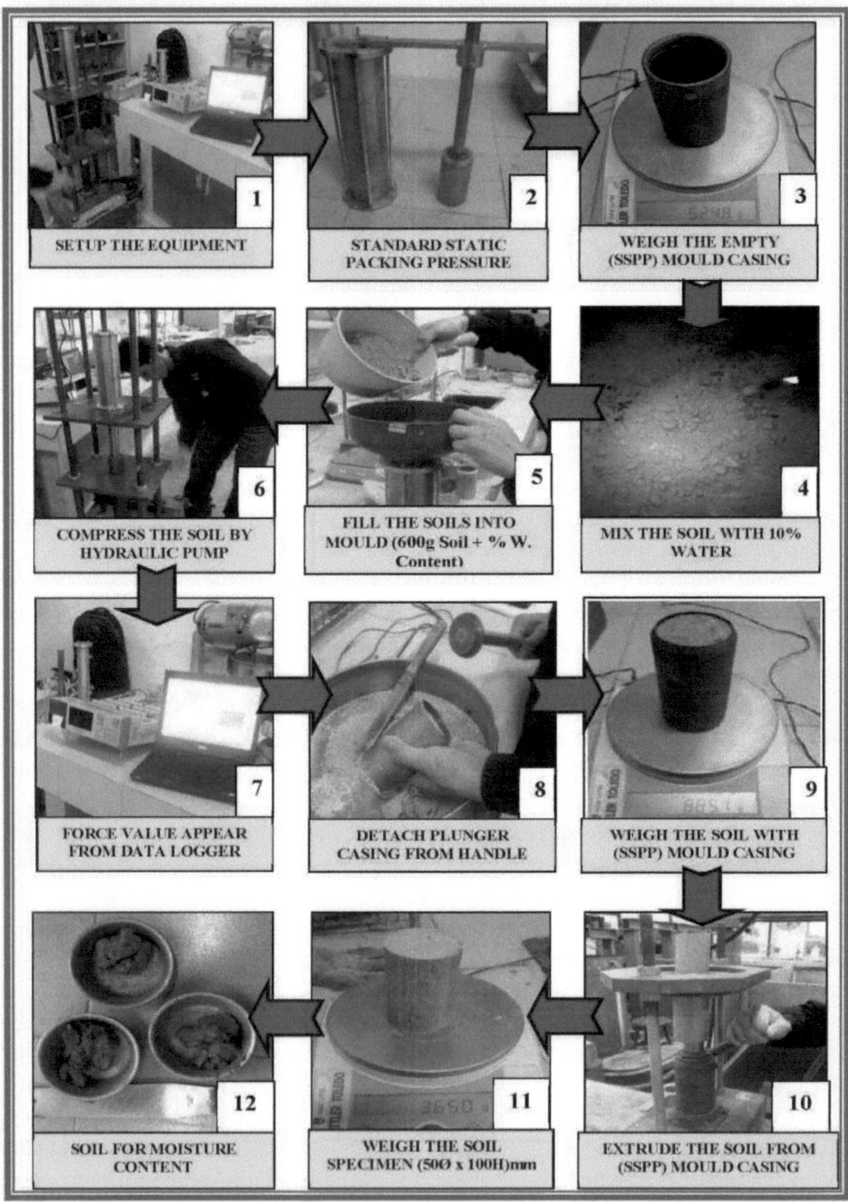

Figura 3. 72. Procedimento para efetuar o ensaio de pressão estática de enchimento normalizada (SSPP)

3.2.3 Energia da pressão estática normalizada da embalagem (E_{SSPP})

Robert (2001) concebeu a compactação estática em laboratório com base na aplicação de uma força constante.

O valor da energia é calculado com base na área sob o gráfico das curvas carga-deformação. Neste estudo, a energia SSPP foi calculada utilizando a fórmula do Trabalho (W) na Equação 3.1.

A equação da linha linear para calcular o valor da energia foi determinada através de um gráfico de Forças versus Deslocamento.

Com base na linha da curva de energia, a equação da energia de compactação é criada na Equação 3.2 para medir a entrada de energia por unidade de volume.

Quantidades equivalentes de energia (E) são aplicadas a todos os tipos de solo através do método de compactação dinâmica, enquanto que a energia aplicada através da pressão de compactação estática varia consoante as características do solo.

O cálculo pormenorizado e a equação da energia SSPP (ESSPP) são apresentados no Apêndice F-2.

A equação do trabalho (W);

$$W = \int_a^b F.ds \qquad (3.1)$$

Onde;

F = Força

ds = A equação linear

A equação da energia (ESSPP);

$1 \, kNm = 1 \, kJ$

$$E_{SSPP} = \frac{Work \, (kJ)}{Volume \, (m^3)} \qquad (3.2)$$

3.3 Ensaio de compressão não confinada (UCT)
3.3.1 Introdução

O equipamento de ensaio de compressão não confinada (UCT) apresentado na Figura 3.8 é um método de ensaio laboratorial simples para avaliar as propriedades mecânicas de rochas e solos de grão fino.

O objetivo principal do UCT é medir a resistência ao cisalhamento não drenada e produzir as características tensão-deformação de solos coesivos, rochas ou solos de grão fino que possuam coesão suficiente para permitir o ensaio no estado não confinado.

O resultado obtido é então utilizado para calcular a resistência ao corte não consolidada e não drenada do solo em condições não confinadas.

Em geral, o UCT pode ser efectuado em amostras de rocha ou em amostras de solo coesivo não perturbado, remoldado ou compactado.

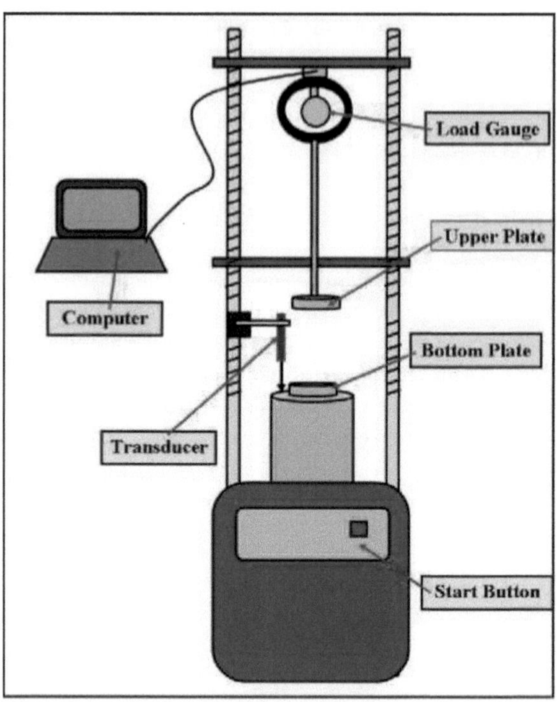

Figura 3.8. Diagrama esquemático do equipamento de ensaio de compressão não confinada (UCT)

3.3.2 Preparação de espécimes de solo remoldado

Este estudo envolve sete (7) locais diferentes de solo coesivo. O espécime de solo remoldado é útil na preparação dos espécimes de solo para medir o valor da resistência ao cisalhamento e a imagem de raios X dos espécimes de solo. Neste estudo, as amostras de solo foram preparadas através de dois métodos de compactação que são o ensaio Proctor Standard e o ensaio de pressão de empacotamento estático (SSPP).

Com base no ensaio SSPP, o invólucro cilíndrico foi concebido com base no tamanho padrão do ensaio UCT. Na amostra de solo de compactação Proctor Standard, a amostra de solo remoldada precisa de ser redimensionada para a padronizar de acordo com o tamanho UCT.

O tamanho padrão do provete que está disponível para o UCT deve ter uma relação L/D = 2,0. Assim, o molde de invólucro cilíndrico SSPP foi concebido com o tamanho (50Ø x 100 H) mm para duplicar o tamanho como no UCT.

Os espécimes remoldados foram preparados segundo o método de compactação por pressão de empacotamento dinâmico e estático para comparar e determinar qual o método que dá valores mais elevados de resistência ao cisalhamento.

Os espécimes de solo remoldado foram preparados com base nos valores OMC para cada amostra de solo. As amostras de solo são testadas utilizando UCT e são necessárias três amostras remoldadas para cada resultado médio de cada solo.

A UCT é utilizada para obter o valor da resistência ao cisalhamento a partir do ensaio de Proctor padrão e do ensaio de pressão de empacotamento estático padrão (SSPP). Neste estudo, os provetes UCT foram concebidos com base no OMC obtido a partir do ensaio de compactação dinâmica e do ensaio de pressão de empacotamento estático.

A Figura 3.9 e a Figura 3.10 mostram o procedimento de preparação de amostras de solo remoldado a partir do ensaio de compactação Standard Proctor e do ensaio SSPP. Uma amostra cilíndrica de solo é cortada de modo a que as extremidades sejam razoavelmente lisas e a relação comprimento/diâmetro seja de 1:2.

São utilizados espécimes de solo com 50 (cinquenta) mm de diâmetro e 100 mm de altura para medir a resistência ao cisalhamento em ambos os ensaios. Os espécimes devem ser embrulhados firmemente em plástico para evitar a oxidação prematura e armazenados numa sala húmida antes de realizar o ensaio.

Por fim, todos os espécimes são comprimidos com UCT para medir e comparar o valor de resistência para o ensaio de compactação dinâmica e o ensaio de pressão de empacotamento estático.

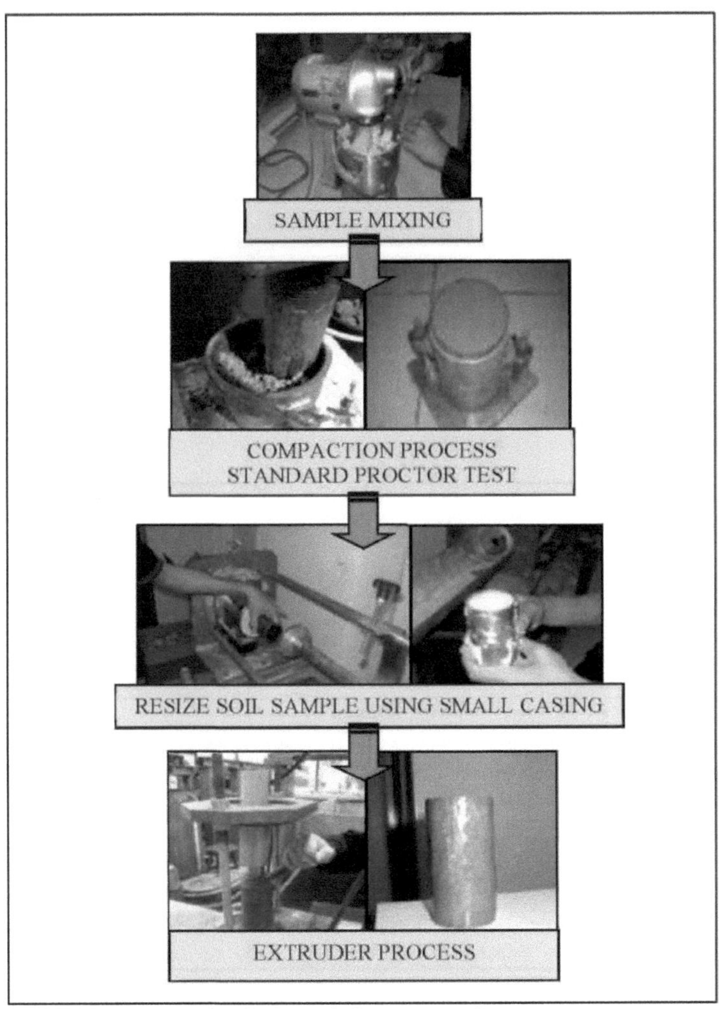

Figura 3.9. Preparação de amostras de solo do ensaio Proctor normal

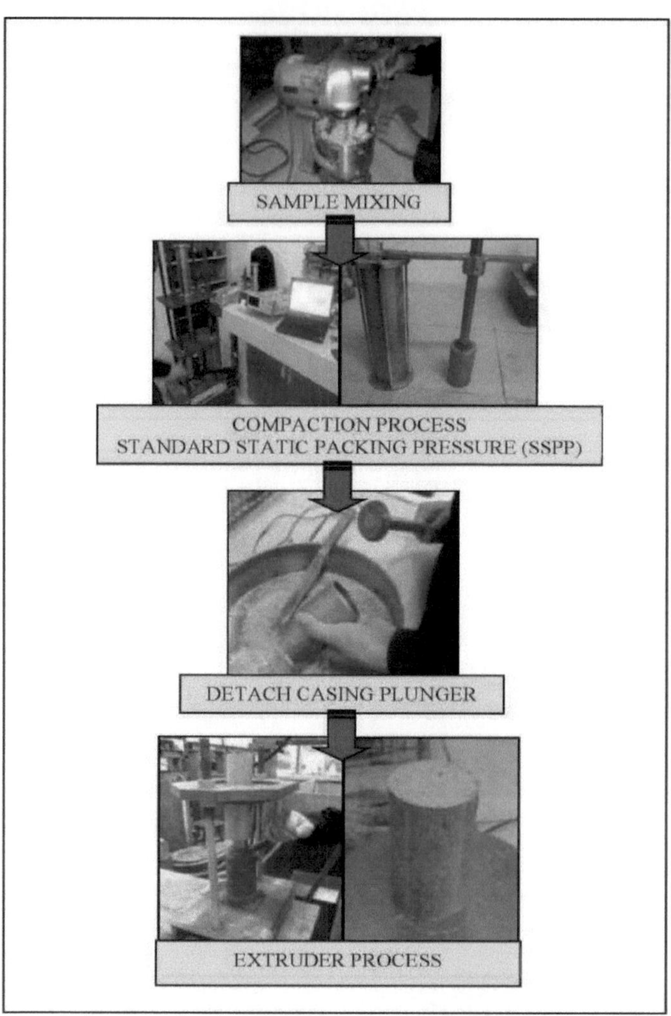

Figura 3. 30. Preparação da amostra de solo para o ensaio de pressão de empacotamento estático padrão (SSPP)

3.3.3 Procedimentos de ensaio e montagem do equipamento

Na UCT, uma amostra de solo é colocada na máquina de carga entre as placas inferior e superior. Antes de qualquer carregamento, a placa superior é ajustada para estar em contacto com a amostra e todos os deslocamentos são fixados em zero (0). Em seguida, a máquina foi activada aplicando uma taxa constante de deformação de cerca de 1,25 mm por minuto. Os valores da carga e do deslocamento são registados para obter uma curva tensão-deformação razoavelmente completa. O carregamento é continuado até que os valores de carga diminuam ou permaneçam constantes com o aumento da deformação, ou até atingir 15% a 20% de deformação axial. Em qualquer uma destas condições, considera-se que a amostra de solo está em estado de rotura. A partir do resultado, é traçado o gráfico da tensão axial versus deformação axial. A carga máxima por unidade de área é definida como UCS, Cu. A Figura 3.11 mostra um provete que foi comprimido por UCT.

Figura 3. 41. Processo de compressão de um provete de solo remoldado utilizando o ensaio de compressão não confinada

3.3.4 Preparação de amostras de solo para a direção A e B

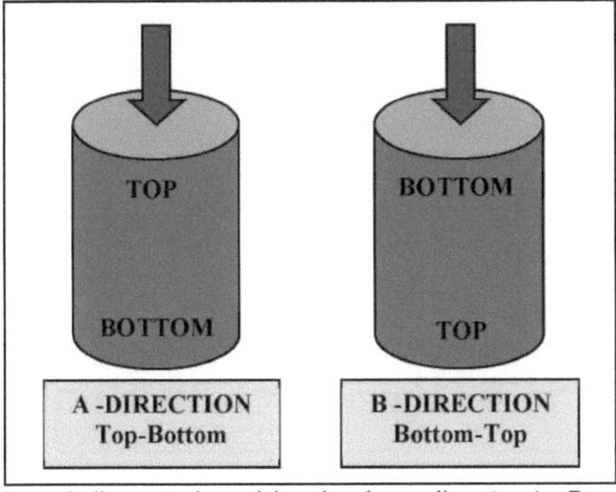

Figura 3. 52. Resistência ao cisalhamento do espécime de solo nas direcções A e B

Walter (2007) salientou a homogeneidade dos provetes de compactação dinâmica. Com base na sua tese, a resistência ao cisalhamento dos provetes remoldados dinâmicos foi testada em duas direcções de cada provete de solo. Assim, o mesmo estudo foi realizado para as direcções A e B para investigar a homogeneidade dos espécimes de compactação dinâmica e estática de pressão de empacotamento em termos de resistência ao cisalhamento. Os espécimes de solo remoldado foram preparados por dois métodos de compactação, que são o ensaio Proctor Standard e o ensaio de Pressão de Empacotamento Estático Standard (SSPP). Todos os espécimes de solo foram compactados em forma cilíndrica com 50 mm de diâmetro e 100 mm de altura. De acordo com a Figura 3.12, todos os espécimes de solo remoldados foram cisalhados em duas direcções diferentes que são a direção A (Cima-Baixo) e a direção B (Cima-Baixo). Em seguida, cada um dos espécimes de solo remoldado foi cisalhado no ensaio de compressão não confinada (UCT) e os resultados da resistência ao cisalhamento obtidos verificarão se os espécimes de solo remoldado são homogéneos em toda a estrutura.

24

CAPÍTULO 4

RESULTADOS E ANÁLISE

4.1 Introdução

Este capítulo contém a discussão e a análise de todos os resultados experimentais que foram obtidos através de vários testes. O objetivo da análise dos resultados é provar se os objectivos desta investigação foram ou não alcançados. A análise envolve sete tipos de solo, numerados como Solo A, B, C, D, E, F e G, que foram retirados de três locais diferentes em Selangor. As origens dos solos são apresentadas no quadro 4.1. Os solos A e B foram retirados de Seksyen 7 Shah Alam, o solo C de Setia Alam, os solos D e E de Klang e os solos F e G de Batang Berjuntai.

Quadro 4. 1. locais de recolha de amostras de solo

Soil	Location
A	Seksyen 7, Shah Alam
B	Seksyen 7, Shah Alam
C	Setia Alam, Shah Alam
D	Klang, Selangor
E	Klang, Selangor
F	Batang Berjuntai, Kuala Selangor
G	Batang Berjuntai, Kuala Selangor

Foram efectuados vários ensaios para determinar as propriedades físicas dos solos. Os ensaios são o limite de Atterberg, a distribuição do tamanho das partículas (PSD) e o ensaio de densidade das partículas. O ensaio do limite de Atterberg consiste em dois ensaios: o ensaio do limite plástico (W_P) e o ensaio do limite líquido (W_L). O Ensaio de Penetração de Cone (CPT) foi escolhido para determinar o valor W_L destes solos. O principal objetivo da realização de ensaios de propriedades físicas do solo é determinar as características das amostras de solo. Por último, o ensaio de radiação X (raios X) foi realizado para verificar a homogeneidade dos espécimes de solo a partir da pressão de empacotamento estático e do ensaio de compactação dinâmica.

O ensaio Standard Static Packing Pressure (SSPP) e o ensaio Standard Proctor são dois ensaios principais que foram realizados para atingir todos os objectivos deste estudo. Foram efectuados para medir o valor de MDD e OMC. Para além disso, os espécimes de solo remoldados do ensaio de pressão de empacotamento estático e do ensaio de compactação dinâmica foram também testados quanto à resistência ao cisalhamento não drenada utilizando UCT. Por fim, foi efectuada uma comparação dos resultados do MDD e da resistência ao cisalhamento de ambos os ensaios de compactação.

4.2 Propriedades físicas dos solos

O ensaio do Limite de Atterberg, o ensaio da Distribuição do Tamanho das Partículas (PSD) e o ensaio da Gravidade Específica (Gs) foram efectuados neste estudo para medir as propriedades físicas de todas as amostras de solo. De acordo com estes ensaios, o resultado sumário do Limite Plástico (W_P), do Limite Líquido (W_L), do teor de humidade (w_c), da densidade das partículas e da caraterística de classificação PSD para o solo A, B, C, D, E, F, e G foram tabulados na Tabela 4.2.

Quadro 4. 2. Resumo das propriedades físicas

TESTING		Soil A	Soil B	Soil C	Soil D	Soil E	Soil F	Soil G
Liquid limit- w_L (%)		26	26	39	48	37	57	55
Plastic limit- w_P (%)		19	20	25	32	25	34	31
Plasticity Index- I_P (%)		7	6	14	16	12	23	24
Classification of Soils		ML	ML	CI	MI	MI	CH	MH
Particle density, ρ_s		2. 61	2.61	2.62	2.68	2.67	2.71	2.72
Grading properties (PSD)	Gravel (%)	0	0	0	0	0	0	0
	Sand (%)	37.20	39.30	8.30	24.20	28.20	1.70	15.90
	Silt (%)	50.43	49.44	44.21	47.96	53.10	47.16	44.47
	Clay (%)	12.30	11.20	47.50	27.80	18.70	51.10	39.70

4.2.1 Densidade das partículas

A gravidade específica de um material é definida como a razão entre a massa de um volume unitário de um material e a densidade da massa de água destilada sem gás a uma determinada temperatura. Um material com uma gravidade específica superior à da água é mais denso do que a água, pelo que não flutua na água. A gravidade específica é utilizada em cálculos que envolvem relações de fase que são expressas em termos de peso unitário, em que o peso unitário é definido como o peso do material por unidade de volume.

De acordo com Reddy e Sastri (2002), os valores de gravidade específica dos solos variam entre 2,6 e 2,8. Com base neste estudo, foram efectuados ensaios de gravidade específica em sete tipos de solo. A partir dos resultados da Tabela 4.2, os valores de gravidade específica para os solos A, B, C, D e E situam-se entre 2,6 e 2,7 e são considerados solos de grão grosso. No entanto, de acordo com a especificação ASTM D 854-92, os valores específicos para 2,6 - 2,7 também podem ser classificados como areia siltosa. O valor da gravidade específica do solo F foi de 2,71, enquanto o do solo G foi de 2,72. Assim, os solos F e G foram classificados como solos de grão fino. A partir dos resultados, quanto mais elevado for o valor da gravidade específica, maior será a compactação e maior será a resistência para estradas ou fundações.

4.2.2 Limite de Atterberg

O limite de Atterberg é um ensaio básico para solos de grão fino. O teor de humidade do solo pode ser estimado a partir destes ensaios. Sete (7) tipos de solo foram testados quanto ao limite de Atterberg para determinar as características do solo. A correlação entre o Limite Líquido (w_L) e o Índice de Plasticidade (I_P) para todas as amostras de solo foi traçada no Gráfico de Plasticidade, como se mostra na Figura 4.1. Com base no gráfico de plasticidade traçado, o padrão de dispersão mostrou todos os valores dos dados recolhidos e a maioria dos dados dispersos, o que indica que as amostras de solo se encontram maioritariamente na área de baixa, intermédia e alta plasticidade do solo. Para os solos A, B, D, E e G, os dados foram dispersos abaixo da linha AL, enquanto os solos C e F foram dispersos acima da linha A. O valor do índice de plasticidade (I_P) para o solo A e B foi de 7% e 6% e é considerado no mesmo grupo de solo. Assim, ambos os tipos de solo foram classificados como silte de baixa plasticidade (ML) no Chat de Plasticidade; Figura 4.1. Para além disso, os solos D e E foram classificados nas categorias de silte de plasticidade intermédia (MI) com valores de ıp de 16% e 12%, respetivamente.

Com base neste estudo, apenas dois (2) tipos de solo foram classificados na gama de elevada plasticidade. O solo F foi classificado como argila de elevada plasticidade, enquanto o solo G foi classificado como silte de elevada plasticidade. Normalmente, o valor de ıp para solos de elevada plasticidade é superior a 20%. O solo C é o único solo deste estudo que é um solo argiloso intermédio com um valor de ıp de 14%. No total, foram obtidas cinco características diferentes de solo neste estudo, nomeadamente ML, CI, MI, CH e MH. Os resultados pormenorizados de wP e o gráfico de wL para todas as amostras de solo são apresentados no Apêndice B.

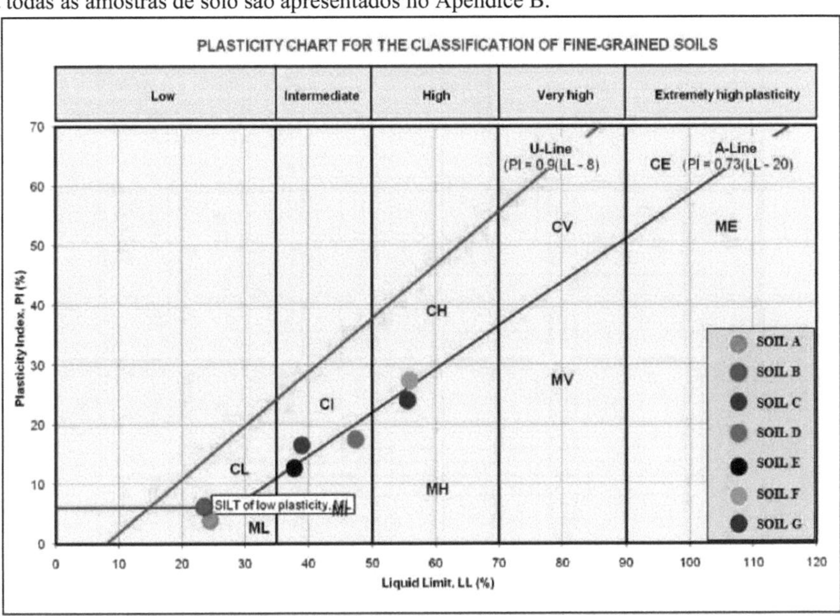

Figura 4. 1. Gráfico de plasticidade para a classificação de solos de grão fino

4.2.3 Ensaio de distribuição do tamanho das partículas

A distribuição granulométrica (PSD) é normalmente utilizada para a classificação do solo. Informações valiosas sobre a quantidade de cada tamanho de partícula podem ser determinadas em laboratório através da utilização de uma série de peneiras e da análise com hidrómetro. De acordo com o teste do limite de Atterberg, todas as amostras de solo foram classificadas com base na linha A da Figura 4.1. De acordo com estudos anteriores de Whitlow (2004); Craig (2004); e Lay (2009), a estimativa das curvas de classificação granulométrica pode ser vista nas suas pesquisas. A Figura 4.2 mostra a combinação das curvas de classificação PSD dos solos A, B, C, D, E, F e G.

Os resultados pormenorizados da distribuição granulométrica foram tabulados na Tabela 4.2 e as propriedades da curva de classificação do solo são apresentadas no Apêndice C. Em geral, todas as amostras de solo contêm fracções de argila, silte e areia. Com base nas curvas de classificação apresentadas na Figura 4.2, o diâmetro das partículas de todas as amostras de solo testadas era inferior a 2,0 mm. Por conseguinte, as sete (7) amostras de solo não contêm gravilha. Com base na comparação das curvas de classificação obtidas, os solos C e F seguiram as curvas de classificação de argila siltosa traçadas por Whitlow (2004). Por sua vez, as curvas de classificação dos solos A, B, D, E e G foram classificadas como solos argilosos arenosos. Whitlow (2004) afirmou que o solo que obteve um coeficiente de uniformidade < 3,0 indica um solo de graduação uniforme e um coeficiente de uniformidade > 3,0 indica um solo bem graduado. Com base nas curvas de classificação da Figura 4.2, o coeficiente de uniformidade não foi considerado porque todas as curvas de classificação das amostras de solo estão acima da percentagem de passagem d_{10} .

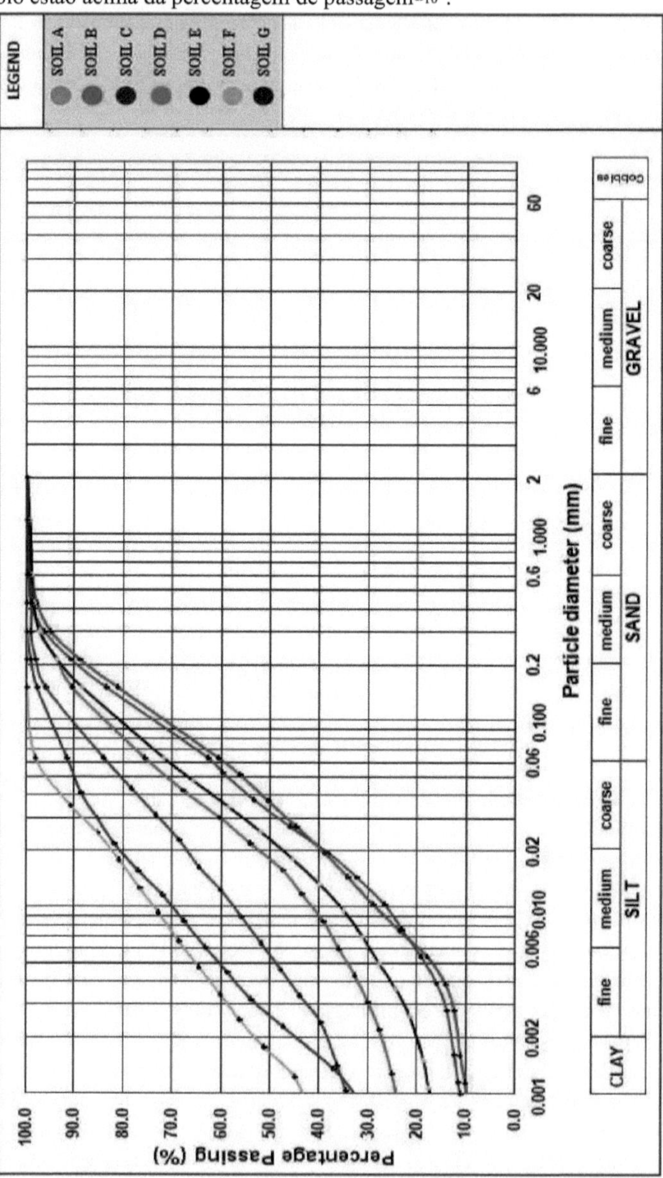

Figura 4. 2. Curvas de distribuição do tamanho das partículas de todas as amostras de solo

4.3   Determinação dos parâmetros de compactação

O ensaio de compactação foi realizado como o principal ensaio de laboratório nesta investigação. Foram realizados dois ensaios de compactação nesta investigação: o ensaio Proctor Standard e o ensaio de Pressão de Empacotamento Estático Standard (SSPP). Foram testadas sete (7) amostras de solo para obter os valores MDD e OMC. Com base no resultado que foi calculado e analisado no Apêndice D e no Apêndice E, o objetivo deste estudo foi alcançado. O valor de OMC foi utilizado como percentagem de água em todos os espécimes de solo remoldado.

4.3.1   Ensaio Proctor Normal

A Tabela 4.3 mostra os dados resumidos de OMC e MDD para cada amostra de solo com base nos gráficos da curva de compactação da Figura 4.3 (a), (b), (c), (d), (e), (f) e (g). Os resultados detalhados e exemplos de cálculos de densidade aparente, teor de água e percentagem de amostras de solo sem ar são apresentados no Apêndice D. O ensaio Proctor Standard, também designado por ensaio de compactação dinâmica, foi utilizado para determinar o OMC e o MDD dos solos. A partir das curvas de compactação, os valores de MDD são traçados em relação aos valores de OMC. Os valores de MDD para a compactação dinâmica situaram-se entre 1,51 Mg/m^3 e 1,79 Mg/m^3 , enquanto o valor de OMC variou entre 16,64% e 26,10%. Em geral, a quantidade de MAC de cada solo dependia da caraterística e do estado do solo na Figura 4.1. O solo F e o solo G necessitaram de uma maior quantidade de água para atingir o estado ótimo em comparação com os outros solos, porque são solos de elevada plasticidade. Assim, referindo-se às curvas de compactação na Figura 4.3, o tipo de solo que contém uma quantidade significativa de água dará automaticamente uma baixa densidade do solo. Por conseguinte, com base na Tabela 4.3, verifica-se que o valor de MDD e OMC está relacionado com as características do solo.

Quadro 4. 3. O MDD e o OMC do Proctor Padrão para cada amostra de solo

Standard Proctor Test	Soil A	Soil B	Soil C	Soil D	Soil E	Soil F	Soil G
Classification of Soil	ML	ML	CI	MI	MI	CH	MH
Maximum Dry Density, MDD (Mg/m^3)	1.78	1.74	1.73	1.62	1.67	1.51	1.59
Optimum Moisture Content, OMC (%)	15.97	16.31	16.96	20.97	17.00	26.10	21.10

A carta de plasticidade na Figura 4.1 mostra que as características do solo A e B são de silte de baixa plasticidade. Através das curvas de compactação na Figura 4.3 (a) e (b), mostra-se que os valores de MDD e OMC para o Solo A foram de 1,78 Mg/m^3 e 15,97%, enquanto o Solo B foi de 1,74 Mg/m^3 e 16,31%. Com base nestes dois tipos de solo, pode concluir-se que os resultados para MDD e OMC estão no mesmo intervalo e são semelhantes entre si. O gráfico de plasticidade da Figura 4.1 mostra que as características dos solos C e F são de argila de plasticidade intermédia e argila de alta plasticidade, respetivamente. De acordo com as curvas de compactação na Figura 4.3 (c) e (f), os valores de MDD e OMC para o solo C foram de 1,73 Mg/m^3 e 16,69%, enquanto o solo F foi de 1,51 Mg/m^3 e 26,10%. Quando os resultados foram comparados, observou-se que o solo de alta plasticidade dá menos densidade e alto teor de humidade em comparação com o solo com plasticidade intermédia. Assim, pode concluir-se que as características do solo afectam as alterações dos valores MDD e OMC.

De acordo com a carta de plasticidade da Figura 4.1, é evidente que o solo G é de silte de elevada plasticidade, enquanto os solos D e E são classificados como silte de plasticidade intermédia. Após o processo de compactação dinâmica, a compactação foi traçada para medir o valor MDD e OMC para cada categoria de solo. Assim, com base na Figura 4.3 (d) e (e), os valores MDD e OMC para o Solo D foram 1,62 Mg/m^3 e 20,97%, enquanto o Solo E foi 1,67 Mg/m^3 e 17,00%. Consequentemente, ambos os tipos de solo não diferem muito nos valores de MDD e OMC porque pertencem ao mesmo grupo de classificação de solos.

Uma análise mais aprofundada revelou que os solos com elevada plasticidade têm menor densidade e requerem um teor de humidade mais elevado em comparação com os solos com plasticidade intermédia de silte ou argila. Por conseguinte, pode concluir-se que os solos D e E têm uma densidade mais elevada e uma diferença notável nos valores de MDD e OMC em comparação com o solo G, porque pertencem a categorias de solo diferentes.

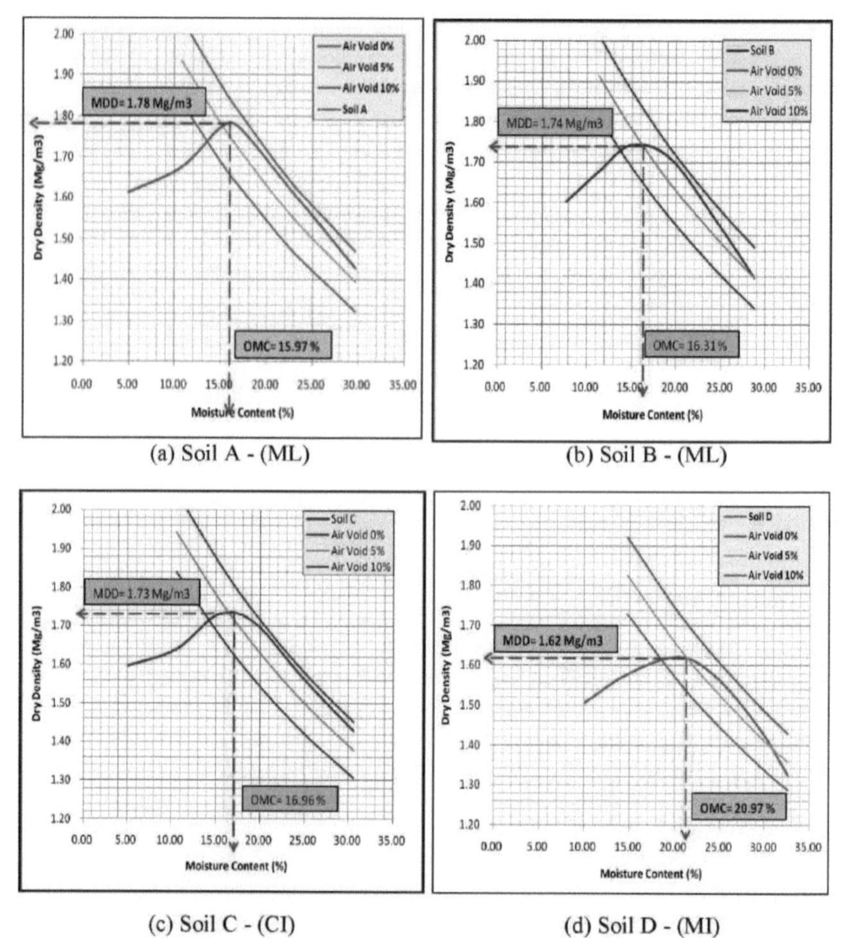

(a) Soil A - (ML)   (b) Soil B - (ML)

(c) Soil C - (CI)   (d) Soil D - (MI)

Figura 4. 3. Curva de compactação Proctor padrão; (a) Solo A, (b) Solo B, (c) Solo C, (d) Solo D, (e) Solo E, (f) Solo F, (g) Solo G

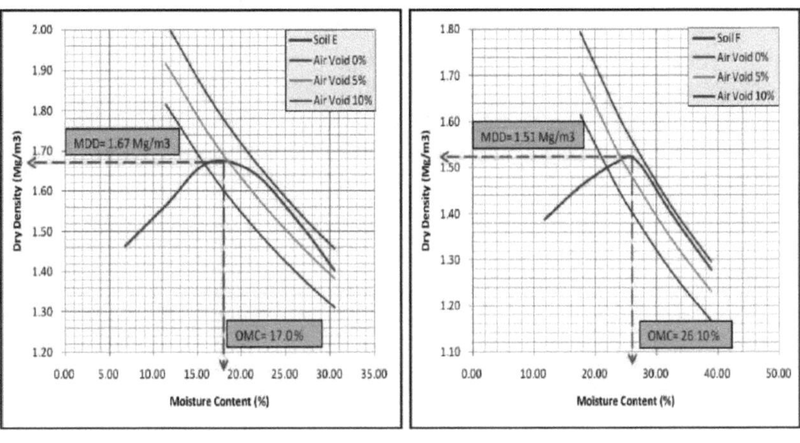

(e) Soil E (MI)   (f) Soil F (CH)

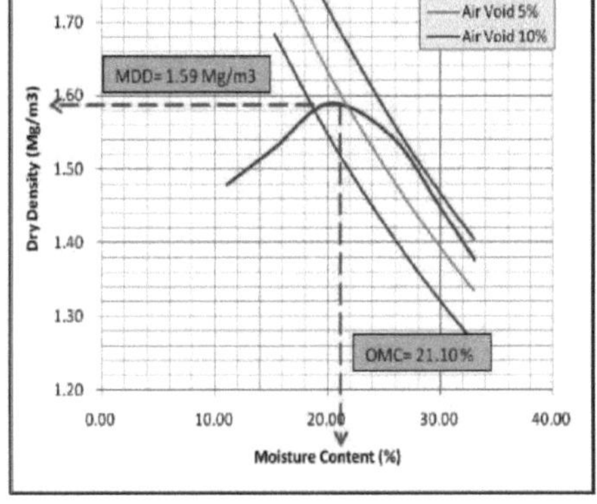

(g) Soil G (MH)

Figura 4.3. Continuar

4.3.2   Ensaio de pressão estática de enchimento normalizada (SSPP)

O teste de pressão de empacotamento estático padrão (SSPP) foi utilizado para determinar o OMC e o MDD do solo. A técnica de pressão de empacotamento estático foi concebida com base no conceito de pressão hidráulica. A bomba hidráulica foi utilizada para comprimir os solos através de um novo molde de pressão de empacotamento estático. O registador de dados foi ligado à máquina SSPP para obter o valor da força e do deslocamento vertical. A quantidade de OMC de cada solo foi baseada na caraterística e condição do solo na Figura 4.1. Durante o processo de pressão de empacotamento estático, a amostra de solo foi compactada gradualmente utilizando a força de pressão de empacotamento estático enquanto formava o solo de forma homogénea. A Tabela 4.4 mostra os dados resumidos dos valores OMC e MDD para cada amostra de solo com base nas curvas de pressão de compactação estática da Figura 4.4 (a), (b), (c), (d), (e), (f) e (g).

Os resultados detalhados e exemplos de cálculos da densidade aparente, teor de água e percentagem de amostras de solo sem ar são apresentados no Apêndice E. A partir das curvas de pressão de empacotamento estático, os valores de MDD são plotados contra os valores de OMC, como no ensaio Proctor padrão. Os valores de MDD obtidos para todas as amostras de solo usando o teste SSPP estavam entre 1,70 Mg/m^3 e 1,87 Mg/m^3 enquanto o valor OMC variava entre 13,98% e 20,08%. Portanto, o valor de MDD e OMC na Tabela 4.4 estão inter-relacionados com as características do solo.

Quadro 4. 4. O valor MDD e OMC da pressão de empacotamento estático para cada amostra de solo

Standard Static Packing Pressure Test	Soil A	Soil B	Soil C	Soil D	Soil E	Soil F	Soil G
Classification of Soil	ML	ML	CI	MI	MI	CH	MH
Maximum Dry Density, MDD (Mg/m^3)	1.84	1.86	1.74	1.7	1.87	1.68	1.84
Optimum Moisture Content, OMC (%)	14.45	14.32	15.02	18.54	13.98	20.08	14.72

A carta de plasticidade na Figura 4.1 mostra que as características do solo A e B são silte de baixa plasticidade. A partir das curvas de compactação na Figura 4.4 (a) e (b), os valores de MDD e OMC para o Solo A foram 1,84 Mg/m^3 e 14,45%, enquanto o Solo B foi 1,86 Mg/m^3 e 14,32%. De acordo com Proctor (1933), as tendências das curvas de pressão de empacotamento estático são semelhantes às tendências das curvas de compactação dinâmica. Assim, os valores OMC e MDD podem ser determinados através da técnica de compactação laboratorial com pressão de enchimento estático.

A carta de plasticidade da Figura 4.1 mostra que as características dos solos C e F são argila de plasticidade intermédia e argila de elevada plasticidade. A partir das curvas de compactação na Figura 4.4 (c) e (f), o solo de alta plasticidade tem baixa densidade e alto teor de humidade em comparação com o solo de plasticidade intermédia. Assim, a partir da Tabela 3 4.4, pode ser resumido que os valores de MDD para o solo C e F foram 1,74 Mg/m^3 e 1,68 Mg/m^3 , enquanto o valor OMC foi de 15,02% e 20,08%, respetivamente. Assim, pode concluir-se que os valores de MDD e OMC dependem das características do solo.

A Figura 4.1 mostra as categorias e a localização dos solos D, E e G na carta de plasticidade. A partir do gráfico, é claro que o solo G é um silte de alta plasticidade, enquanto os solos D e E são siltes de plasticidade intermédia. Os dados da pressão de empacotamento estático são traçados para MDD contra o valor OMC para cada categoria de solo. Então, com base na Figura 4.4 (d) e (e), os valores MDD e OMC para o Solo D foram 1,70 Mg/m^3 e 18,54% enquanto o Solo E foi 1,87 Mg/m^3 e 13,98%. Consequentemente, o solo E necessita de um teor de água inferior, de cerca de 4,5%, em comparação com o solo D, apesar de pertencerem ao mesmo grupo de classificação. Uma análise mais aprofundada mostrou que o solo de argila de elevada plasticidade (CH) tem uma densidade baixa e um teor de humidade elevado em comparação com o solo de silte de elevada plasticidade (MH). Por conseguinte, pode concluir-se que o solo F tem a densidade mais elevada em comparação com o solo G e que o principal fator que afecta os seus valores de MDD e OMC é a caraterística e o tipo de solo.

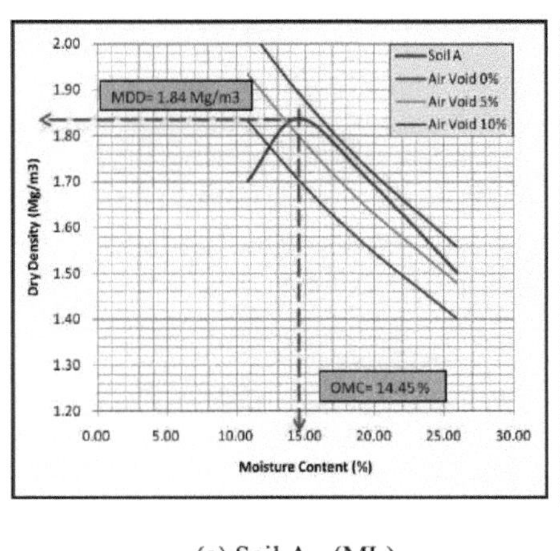

(a) Soil A - (ML)

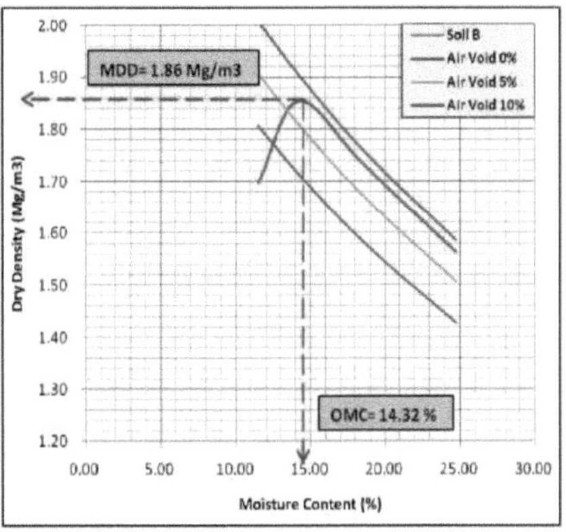

(b) Soil B - (ML)

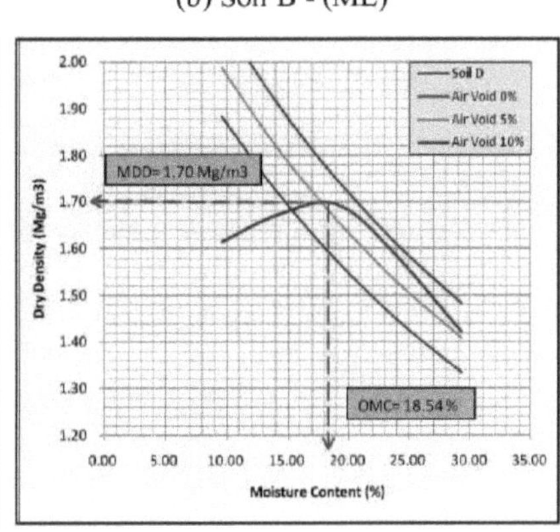

(c) Soil C - (CI)

(d) Soil D - (MI)

Figura 4. 4. Curvas de pressão de empacotamento estático; (a) Solo A, (b) Solo B, (c) Solo C, (d) Solo D, (e) Solo E, (f) Solo F, e (g) Solo G

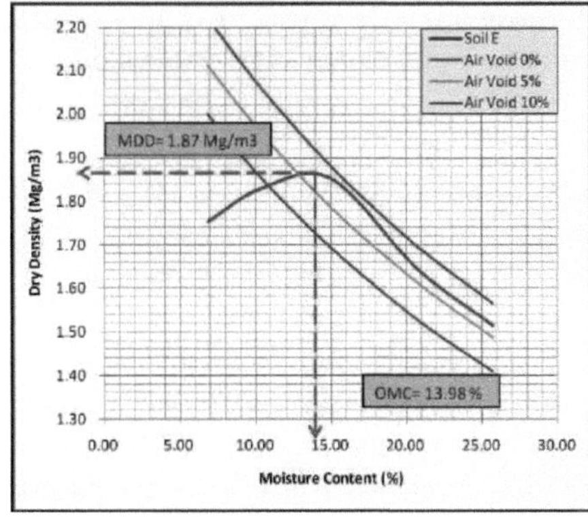

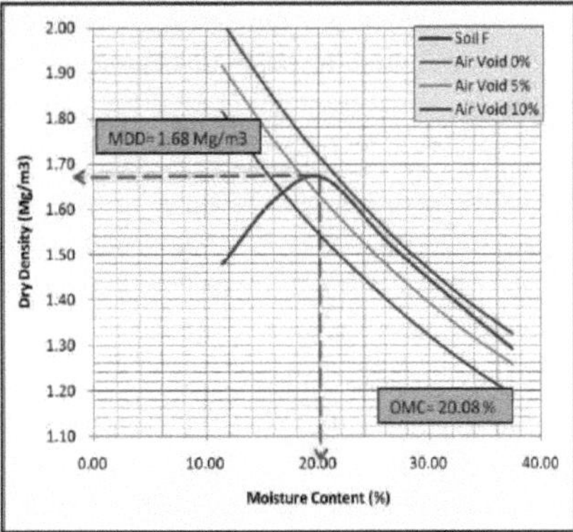

(e) Soil E - (MI)

(f) Soil F - (CH)

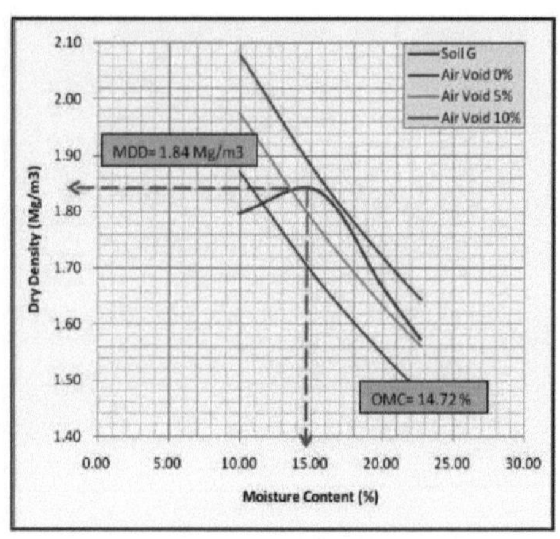

(g) Soil G - (MH)

Figura 4.4. Continuar

4.3.3 Comparação entre os métodos Standard Static Packing Pressure (SSPP) e Standard Proctor

Para efeitos de comparação, os resultados de MDD e OMC do método de compactação por pressão de empacotamento dinâmico e estático foram traçados para todas as amostras de solo como na Figura 4.5 (a), (b), (c), (d), (e), (f), e (g). Em geral, os valores da densidade seca e do teor de humidade de cada amostra de solo são traçados para estabelecer uma curva de compactação. O MDD é obtido a partir do ponto de pico da curva de compactação e o seu consequente teor de humidade é o OMC. Neste estudo, verificou-se que o método da pressão de empacotamento estático dá a mesma tendência da curva de compactação produzida por Proctor (1933).

De acordo com Lee e Suedkamp (1972), existem quatro formas (A, B, C e D) de curvas de compactação que são estudadas com base no valor de wL. O solo que contém 30% a 70% de wL é categorizado na forma A, wL menor que 30% é categorizado nas formas B e C, e wL maior que 70% é categorizado na forma D. Assim, com base nos valores de LM obtidos a partir do ensaio do limite de Atterberg na Tabela 4.2, todas as amostras de solo obtiveram valores de LM que variaram na forma A, exceto os solos A e B. De acordo com a forma das curvas de compactação na Figura 4.5, verificou-se que os solos C, D, E, F e G seguiram a previsão de compactação de Lee e Suedkamp (1972). Além disso, Braja (2009) também criou quatro formas de curvas de compactação com base nas características do solo. A curva de compactação para o solo F, na Figura 4.5 (f), segue a mesma tendência da curva de compactação de argila de alta plasticidade de Braja.

Como se pode ver na Figura 4.7 (a), (b), (c), (d), (e), (f) e (g), os resultados mostraram que a compactação com pressão de empacotamento estático dá valores mais elevados de MDD e menores de OMC em comparação com o método de compactação dinâmico. Os solos A e B na Figura 4.5 (a) e (b) mostram que o MDD da compactação com pressão de empacotamento estática padrão (SSPP) foi de 1,84 Mg/m^3 e 1,86 Mg/m^3 respetivamente. Enquanto a compactação dinâmica dá menos 0,06 Mg/m^3 e 0,12 Mg/m^3 MDD para o solo A e B de SSPP. Para as outras amostras de solo, os resultados da comparação estão resumidos na Tabela 4.5. De acordo com a comparação das curvas de compactação para o solo F e G, a curva de compactação de pressão de empacotamento estático obteve valores de MDD mais elevados em comparação com a curva de compactação dinâmica. Para além disso, as características do solo F e G tiveram efeitos nas diferenças óbvias da percentagem de valores MDD. Com base nos dados de comparação, as diferenças percentuais globais do MDD da pressão de compactação estática em relação ao MDD dinâmico situaram-se entre +0,57% e +13,59%, enquanto o OMC da pressão de compactação estática em relação ao OMC dinâmico se situou entre -10,52% e -43,34% para todas as amostras de solo. Em conclusão, todas as amostras de solo que foram testadas através do método SSPP dão uma densidade mais elevada, apesar de a diferença de percentagem de MDD entre o SSPP e o Standard Proctor ser inferior a 15%.

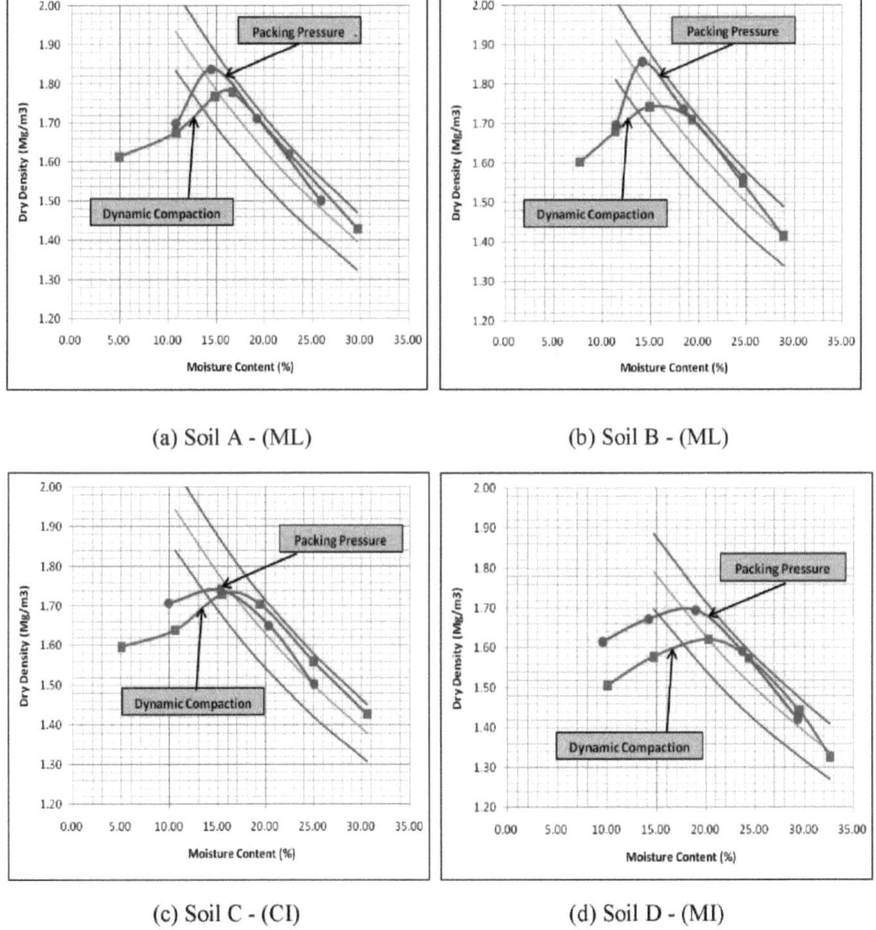

(a) Soil A - (ML)   (b) Soil B - (ML)

(c) Soil C - (CI)   (d) Soil D - (MI)

Figura 4. 5.Comparação da curva de compactação; (a) Solo A, (b) Solo B, (c) Solo C, (d) Solo D, (e) Solo E, (f) Solo F, e (g) Solo G

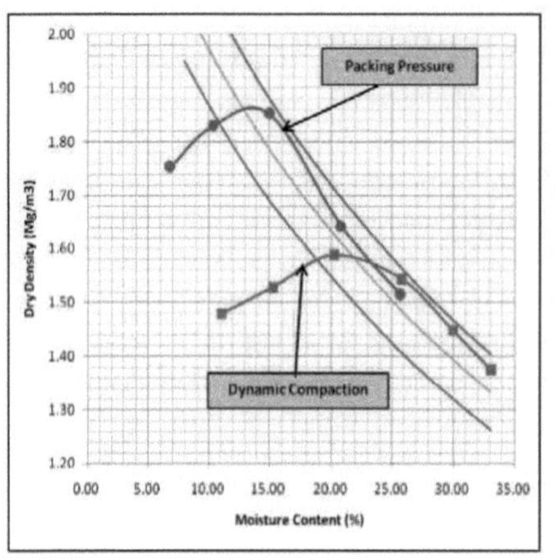

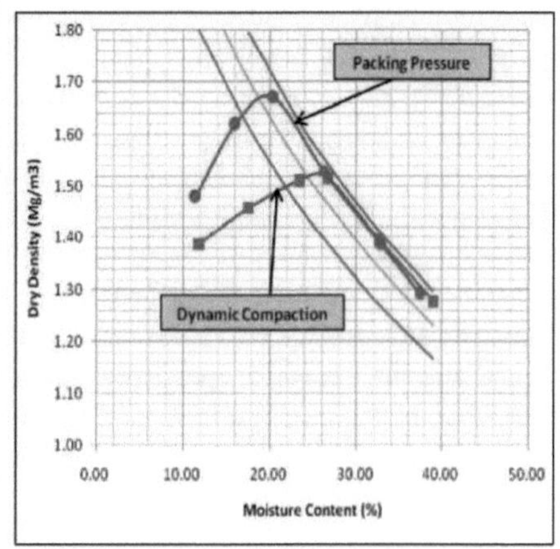

(e) Soil E - (MI)   (f) Soil F - (CH)

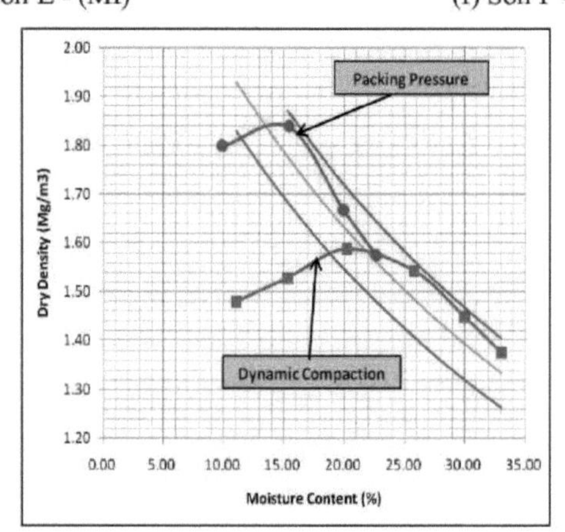

(g) Soil G - (MH)

Figura 4.5. Continuar

A compactação Proctor standard é um método de compactação laboratorial utilizado em todo o mundo e foi considerado como ensaio de referência neste estudo. Neste estudo, foram utilizados sete (7) tipos de solos para comparar o grau de compactação entre os métodos de pressão de empacotamento estático e de compactação dinâmica. Há dois elementos principais que foram comparados com base na análise da curva de compactação, que são a densidade do solo e a quantidade de teor de água, para provar que o método é mais prático e dá resultados mais exactos em comparação com o método anterior. Por conseguinte, a densidade, o vazio de ar, a energia de impacto, a resistência ao cisalhamento e a homogeneidade do solo foram comparados entre os métodos de pressão de empacotamento estático e de compactação dinâmica para definir o método que melhor representa o laboratório. O resumo dos resultados da comparação entre os métodos de pressão de empacotamento estático e de compactação dinâmica é apresentado na Tabela 4.5. A Figura 4.6 e a Figura 4.7 mostram os resultados da comparação do OMC e do MDD entre o método Standard Proctor e o método SSPP.

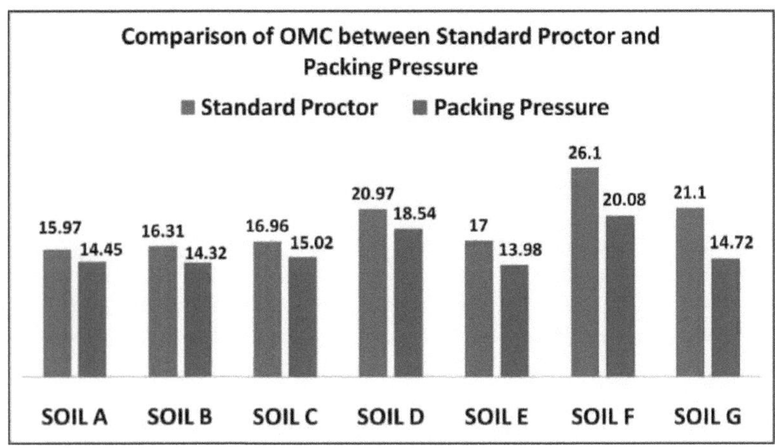

Figura 4. 6. Comparação dos valores OMC entre o Proctor Standard e a Pressão de Enchimento Estática

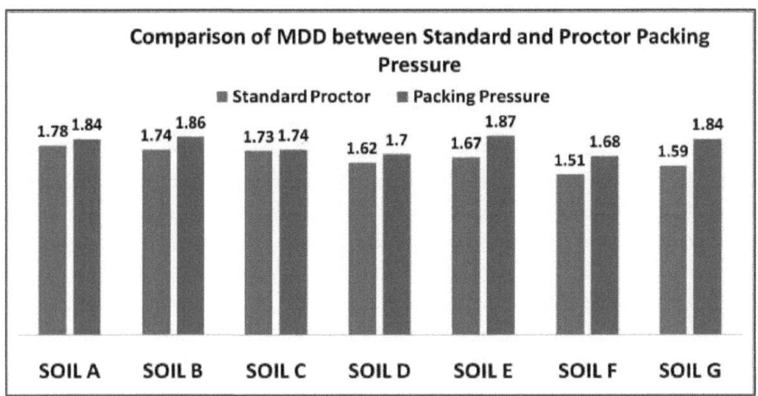

Figura 4. 7. Comparação dos valores MDD entre o Proctor Normal e a Pressão de Enchimento Estática

Quadro 4. 5. Resumo das características de compactação para todas as amostras de solo

Soil Sample	Categories of Soil	Mode	MDD (Mg/m^3)	OMC (%)	Static Packing Pressure MDD as % of Dynamic MDD	Air Voids of MDD (%)
A	ML	SSPP	1.84	14.45	103.37	2.9
		Standard Proctor	1.78	15.97		3.4
B	ML	SSPP	1.86	14.32	106.89	2.1
		Standard Proctor	1.74	16.31		5.0
C	CI	SSPP	1.74	15.02	100.58	7.5
		Standard Proctor	1.73	16.96		4.6
D	MI	SSPP	1.70	18.54	104.94	3.6
		Standard Proctor	1.62	20.97		4.0

E	MI	SSPP	1.87	13.98	111.98	2.5
		Standard Proctor	1.67	17.00		7.9
F	CH	SSPP	1.68	20.08	111.26	2.1
		Standard Proctor	1.51	26.10		3.0
G	MH	SSPP	1.84	14.72	115.72	2.7
		Standard Proctor	1.59	21.10		5.8

Resumindo os resultados na Tabela 4.5, os resultados do método dinâmico e do método SSPP foram estudados e comparados para definir o melhor método de compactação no ensaio de laboratório. Em geral, verificou-se que o método de compactação por pressão de empacotamento estático deu resultados de densidade mais elevados para todos os tipos de solo, em comparação com o método de compactação dinâmico. Além disso, o método de compactação por pressão de enchimento estático também compacta melhor do que o método de compactação dinâmico, o que é comprovado pela percentagem de ar vazio do valor MDD. A percentagem de ar vazio foi calculada entre a linha da curva de compactação e a linha da curva de ar vazio. O pequeno número de percentagem de ar vazio significa que a curva de compactação está próxima da linha de ar vazio. Assim, o ensaio de pressão de empacotamento estático é mais exato do que o ensaio de compactação dinâmico, porque o solo comprimido atinge um valor mais baixo de vazio de ar.

No geral, a diferença da percentagem de vazios de ar do valor MDD para o ensaio de compactação dinâmica foi entre 3,0% e 7,9% e a pressão de empacotamento estático foi entre 2,1% e 7,5%. Os exemplos de cálculo da percentagem de vazios de ar das amostras de solo são apresentados nos Apêndices D e E. Com base nos resultados, o solo compactado por pressão de empacotamento estático dá menos percentagem de vazios de ar do MDD em todos os tipos de solo que foram ensaiados, exceto na amostra de solo C. O índice de plasticidade (ip) classificou o solo C como argila de plasticidade intermédia (CI). Mesmo que o solo C tenha obtido mais 2,9% de ar vazio com a compactação por pressão de enchimento estático em comparação com a compactação dinâmica, este resultado ainda é considerado bem sucedido porque o valor de MDD foi mais elevado em comparação com o método de compactação dinâmica.

4.4 Energia de compactação

O principal fator que afecta o valor de MDD e OMC para todas as amostras de solo provém das categorias de classificação do solo. Durante o processo de compactação, a energia aplicada foi um elemento importante para garantir que o solo fosse totalmente compactado. Proctor (1933) concebeu a sua técnica aplicando a mesma quantidade de energia a todos os tipos de solo, quando, na realidade, cada solo necessitaria de uma quantidade específica de energia para ser compactado. Consequentemente, a pressão estática de compactação tem um desenho especial onde a energia que é aplicada nos solos depende da caraterística do solo que foi testado.

A energia de compactação é um dos elementos mais importantes no processo de compactação. O ensaio de pressão de compactação estática padrão (SSPP) mede diretamente a quantidade de energia com base nas características do solo e também na quantidade de humidade do solo. Uma fórmula típica para calcular o valor da energia do solo A para a pressão de compactação estática é obtida através da integração dos valores de força e deslocamento, como se mostra na Figura 4.8, enquanto a compactação dinâmica se baseia na fórmula básica de Proctor (1933). O valor da energia para todas as amostras de solo foi calculado com base na fórmula do Trabalho (W) na Equação 3.1 e na fórmula da Energia SSPP na Equação 4.2 para medir a entrada de energia por unidade de volume. Os valores da energia (E) da pressão estática de empacotamento padrão (SSPP) que resultaram de todas as amostras de solo situaram-se entre $E_{(SSPP)} = 285,35$ kJ/m^3 e$E_{(SSPP)} = 544,48$ kJ/m^3 enquanto$E_{(Dy)} = 597$ kJ/m^3 da energia de compactação dinâmica foi considerada para as amostras de solo. Proctor, 1933, criou a equação da energia de compactação dinâmica com base na Equação 3.1. No entanto, Hafez (2007) e Walter (2007) discutiram e reviram a energia de compactação dinâmica de Proctor (1933). No seu estudo, Hafez (2007) calculou a energia de compactação dinâmica para cada camada e verificou que os resultados da energia para cada camada do provete de compactação dinâmica obtidos são diferentes.

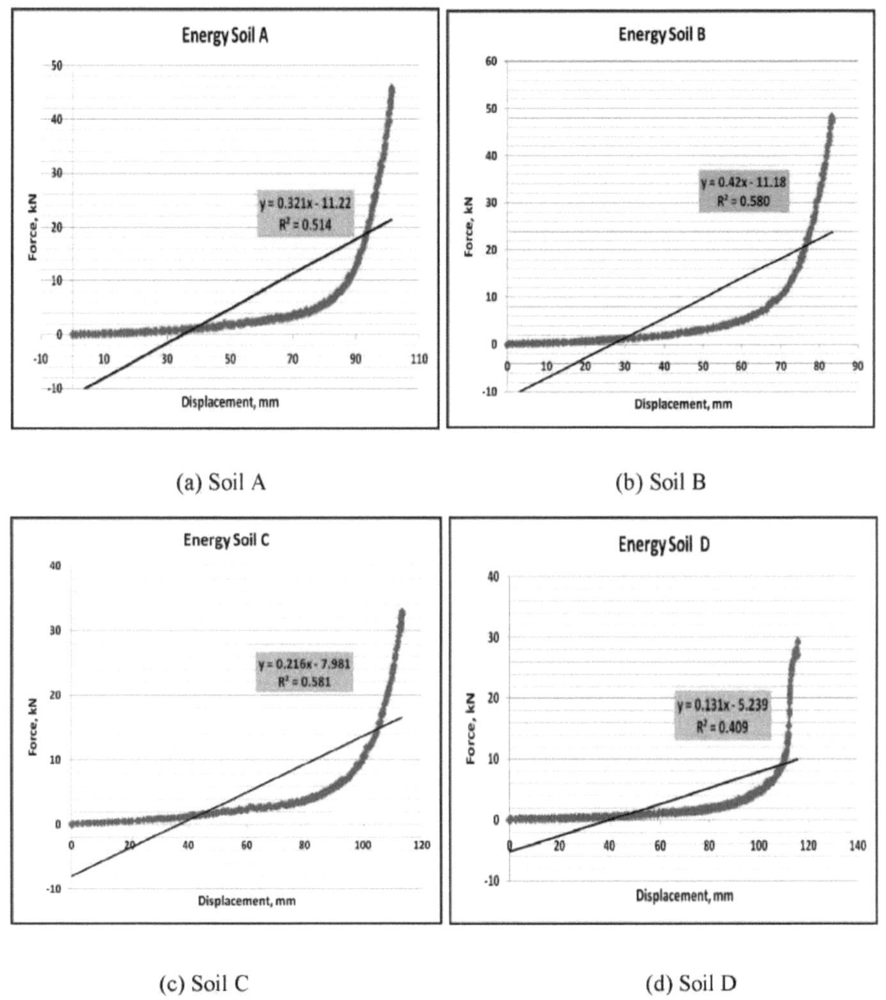

(a) Soil A   (b) Soil B

(c) Soil C   (d) Soil D

Figura 4. 8. Curvas de energia (E) da pressão estática de empacotamento padrão; (a) Solo A, (b) Solo B, (c) Solo C, (d) Solo D, (e) Solo E, (f) Solo F, e (g) Solo G

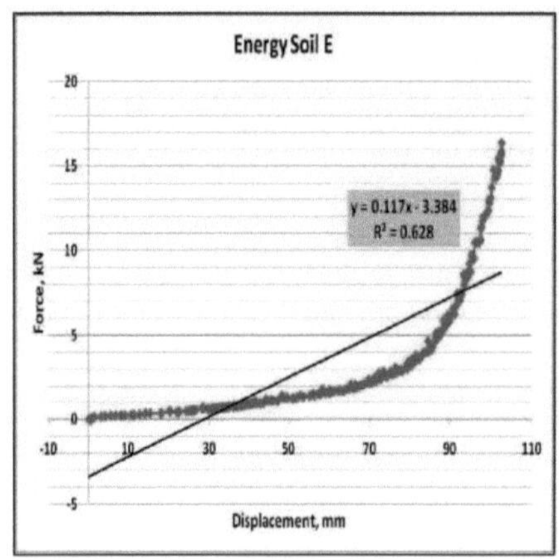

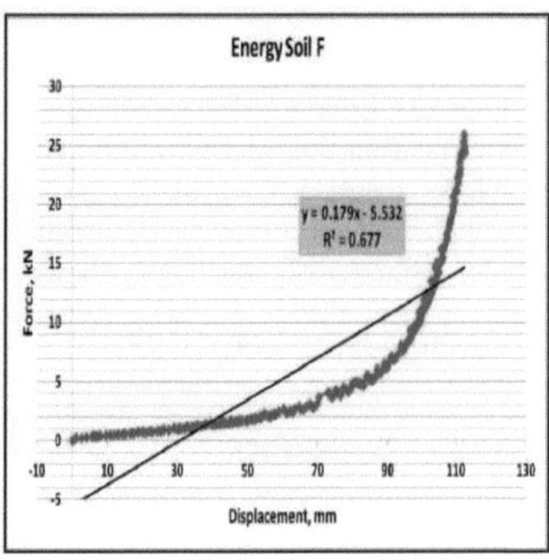

(e) Soil E   (f) Soil F

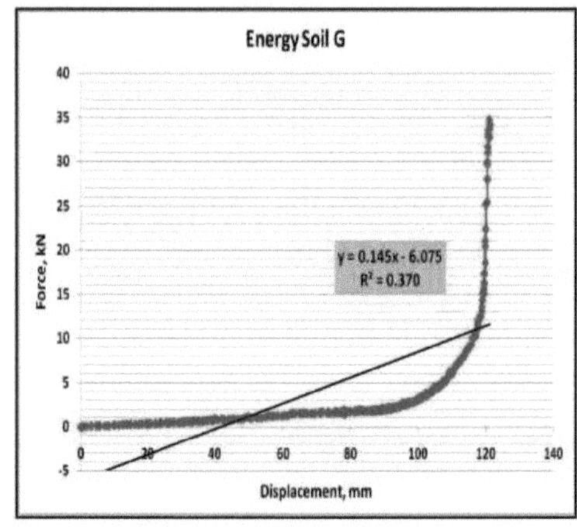

(g) Soil G

Figura 4.8. Continuar

Os valores da energia da pressão de compactação estática para sete (7) amostras de solo que foram testadas são apresentados na Tabela 4.6 e mostraram uma energia ligeiramente inferior em comparação com o valor da energia dinâmica. Com base na pressão de empacotamento estático e nos valores de energia dinâmica, a energia aplicada foi $E_{A(SSPP)}$ = 538,96 kJ/m³ e $E_{A(Dy)}$ = 597 kJ/m³ respetivamente para o Solo A. O resumo da energia de compactação para o Proctor Padrão e SSPP é mostrado na Tabela 4.6.

Quadro 4. 6. Resumo da energia de compactação para todos os solos

Soil Sample	Categories of Soil	Mode	Energy (kJ/m³)
A	ML	SSPP	538.96
		Standard Proctor	597

B	ML	SSPP	544.48
		Standard Proctor	597
C	CI	SSPP	500.63
		Standard Proctor	597
D	MI	SSPP	287.45
		Standard Proctor	597
E	MI	SSPP	285.35
		Standard Proctor	597
F	CH	SSPP	527.70
		Standard Proctor	597
G	MH	SSPP	342.01
		Standard Proctor	597

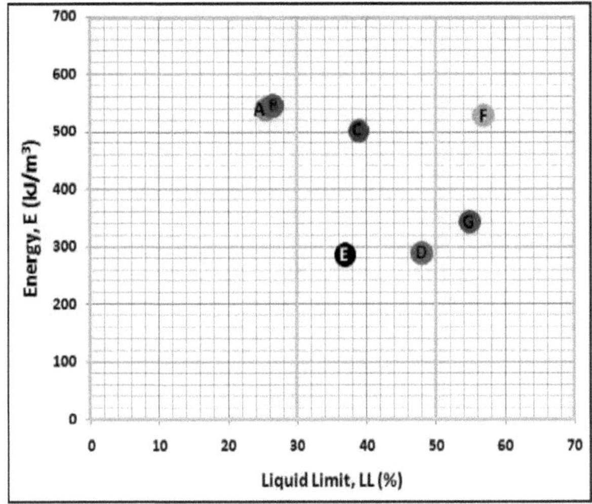

Figura 4. 9. Relação entre os valores de energia do limite de líquido e da pressão estática normalizada da embalagem

Os resultados da energia de pressão de empacotamento estático estão resumidos na Tabela 4.6, onde cada solo que foi testado obteve uma quantidade diferente de energia em comparação com a energia de compactação dinâmica. De acordo com o Sistema Britânico de Classificação de Solos, a classificação dos solos finos tem um efeito importante nas propriedades de engenharia, como a resistência ao cisalhamento e a compressibilidade. Com base nas diferenças de energia de contribuição, os valores de energia de pressão de empacotamento estático foram plotados contra os valores de wL para criar uma relação entre esses dois valores. Os valores de wL para cada solo foram obtidos do CPT. A relação na Figura 4.9 mostra que o solo de elevada plasticidade necessita de mais energia para comprimir o solo durante o processo de compactação, em comparação com o solo de plasticidade média. Para além disso, o solo de baixa plasticidade requer uma maior quantidade de energia para a amostra de solo em comparação com o solo de média e alta plasticidade. Assim, de acordo com esta relação, não há nenhuma conclusão específica que possa ser concluída. No entanto, é necessário efetuar investigações futuras e estudos com um maior número de amostras de solo para determinar uma boa relação entre a energia SSPP e os valores de wL.

4.5 Determinação do parâmetro de resistência ao cisalhamento

O ensaio de compressão não confinada (UCT) é um dos ensaios que pode ser utilizado para medir a resistência à compressão não confinada de uma amostra de solo coeso. O UCT é de longe o método mais popular de ensaio de cisalhamento do solo, porque é um dos métodos mais rápidos e baratos de medir a resistência ao cisalhamento. Durante o processo de cisalhamento, assume-se que não há perda de água dos poros dos espécimes. Uma amostra saturada permanecerá assim saturada durante o ensaio, sem alteração do volume da amostra, do teor de água ou do rácio de vazios. Além disso, a amostra é mantida unida por uma tensão de confinamento efectiva que resulta de pressões negativas da água dos poros. A resistência ao cisalhamento não drenada medida num ensaio não confinado é expressa em termos da tensão total.

4.5.1 Comparação do ensaio de compressão não confinada (UCT) na resistência ao cisalhamento

Sete (7) amostras de solo foram compactadas pelos métodos Standard Proctor e Standard Static Packing Pressure (SSPP), que foram depois testadas usando UCT para obter curvas tensão-deformação. Todos os espécimes foram compactados com a mesma quantidade de teor de água, que foi apresentada na Tabela 4.3 e na Tabela 4.4. Foi avaliada a resistência ao cisalhamento na direção B (Bottom-Top) entre os provetes de solo remoldado do Proctor Standard e do SSPP. Verificou-se que os espécimes de solo remoldado preparados por compactação dinâmica são menos rígidos, mais fracos e mais plásticos do que os espécimes de solo preparados por pressão de empacotamento estático.

Os gráficos de barras da Figura 4.10 foram elaborados com base nos resultados resumidos da resistência ao cisalhamento. De acordo com o resultado da comparação dos valores de resistência ao cisalhamento entre o Proctor Standard e o ensaio SSPP, mostra que os espécimes de pressão de empacotamento estático dão valores de resistência ao cisalhamento mais elevados em comparação com a compactação dinâmica para todas as amostras de solo.

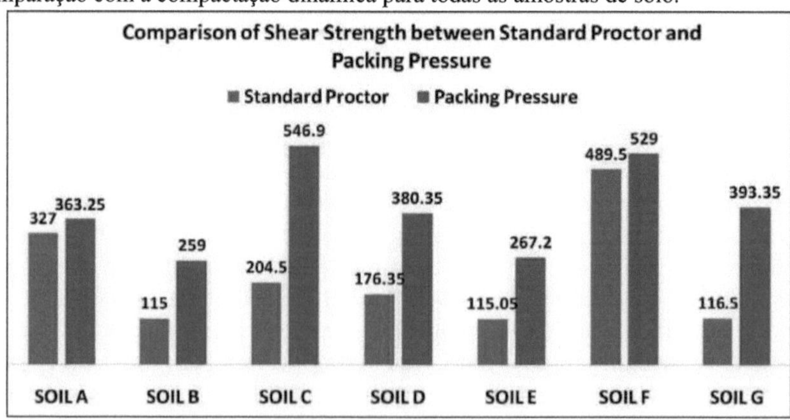

Figura 4. 10. Comparação da resistência ao cisalhamento entre o Proctor padrão e a pressão de empacotamento estática padrão (SSPP)

A Tabela 4.7 apresenta os resultados resumidos da resistência ao cisalhamento para os métodos de compactação dinâmica e SSPP. Com base nos resultados da comparação da resistência ao cisalhamento, a pressão de empacotamento estático para todos os sete (7) tipos de solo que foram testados obteve maior resistência ao cisalhamento em comparação com o método de compactação dinâmica. No geral, a percentagem de variação da pressão de empacotamento estático em relação à compactação dinâmica para todos os espécimes de solo situou-se entre +7,47% e +70,38%. O cálculo detalhado e a comparação do Círculo de Mohr entre o Proctor Padrão e a Pressão de Empacotamento Estático Padrão (SSPP) foram representados na Figura G (1), (2), (3), (4), (5), (6) e (7) no Apêndice G para obter os seus valores de resistência ao cisalhamento.

Quadro 4. 7. Resumo do valor da resistência ao cisalhamento para todos os solos

Soil Sample	Categories of Soil	Mode	Shear Strength (kPa)	(SSPP) Shear Strength as % of Dynamic MDD	Percentage of Variance (%)	Elastic Modulus (kPa)
A	ML	SSPP	363.25	111.09	+9.98	150
		Proctor	327.00			44.44
B	ML	SSPP	259.00	225.22	+55.60	85
		Proctor	115			12.5
C	CI	SSPP	546.90	267.43	+62.61	160
		Proctor	204.5			27.2
D	MI	SSPP	380.35	215.68	+53.63	200
		Proctor	176.35			56
E	MI	SSPP	267.20	232.25	+56.89	120
		Proctor	115.05			20
F	CH	SSPP	529.00	108.07	+7.47	1000
		Proctor	489.5			356
G	MH	SSPP	393.35	337.64	+70.38	250
		Proctor	116.5			40

De acordo com Whitlow, (2004), existem dois factores principais que afectam o valor da resistência ao cisalhamento (Cu), que são o índice de vazios inicial e o teor de água da amostra de solo. As amostras de solo ensaiadas com o mesmo índice de vazios e teor de água devem cisalhar à mesma tensão normal e obter o mesmo valor de resistência ao cisalhamento (Cu), (Whitlow, 2004). No entanto, um solo bem compactado afecta uma menor expulsão de vazios de ar que, subsequentemente, encurtará o processo de cisalhamento e a taxa de deformação axial. Neste estudo, todos os espécimes de solo foram preparados com base nos valores de teor de humidade ótimo (OMC) indicados na Tabela 4.5. Além disso, a Tabela 4.5 também indica os valores de vazios de ar do MDD para ambos os ensaios para todos os tipos de solo.

Durante todo o processo de cisalhamento dos espécimes de pressão de empacotamento estático, a taxa de deformação axial na rutura foi menor do que a dos espécimes de compactação dinâmica. De acordo com a investigação anterior de Kenneth e Steven (1968), a UCT foi utilizada para determinar e comparar o valor da resistência ao corte para os métodos de amassamento e estático. Com base na comparação da curva tensão-deformação para o solo de caulinite, a amostra de solo amassado falha com 8,8% de deformação axial, enquanto a amostra de solo estático falha com 6% de deformação axial. Apesar de o provete de compactação estática falhar mais rapidamente do que o de amassamento, a compactação estática ainda obteve uma tensão de desvio mais elevada em comparação com o provete de solo amassado. Consequentemente, é evidente que os espécimes de pressão de empacotamento estático foram bem compactados porque, durante o processo de corte, os espécimes de solo falharam com menos deformação axial em comparação com o método de compactação dinâmica para todas as amostras de solo.

Com base nas curvas de tensão-deformação deste estudo, as curvas de tensão-deformação da pressão de empacotamento dinâmica e estática foram representadas no mesmo gráfico. No gráfico tensão-deformação, a tensão de desvio máxima foi representada em função da deformação axial. Comparando as curvas de tensão-deformação da Figura 4.11 (a), (b), (c), (d), (e), (f) e (g), as curvas de tensão-deformação de pressão de empacotamento estático deram um valor de desvio máximo mais elevado em comparação com as curvas de tensão-deformação dinâmicas. O módulo de elasticidade não mede a resistência ao cisalhamento dos espécimes de solo, mas, na verdade, a elasticidade mede a capacidade de a camada de solo de sub-base voltar à forma original. No pavimento rodoviário de sub-base, uma elasticidade mais elevada significa que a capacidade da camada de sub-base regressa rapidamente à forma original após a transferência da carga dos veículos para o pavimento de solo e a ocorrência de deformação. Com base nos resultados apresentados na Tabela 4.7, todos os espécimes de solo do SSPP obtiveram um valor de elasticidade elevado em comparação com o ensaio de compactação dinâmica. Assim, mostra-se que o ensaio SSPP reduzirá a falha do pavimento rodoviário porque é capaz de fazer o pavimento rodoviário voltar à forma original num curto espaço de tempo após a aplicação da carga.

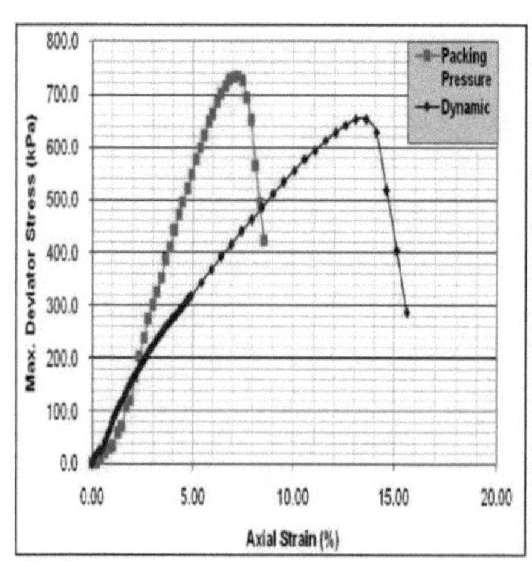

(a) Soil A

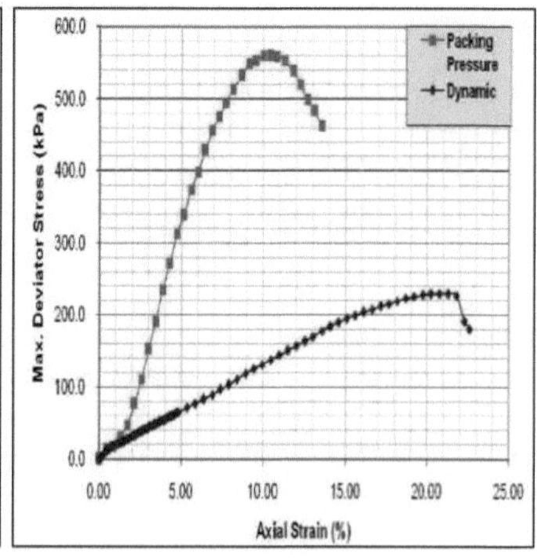

(b) Soil B

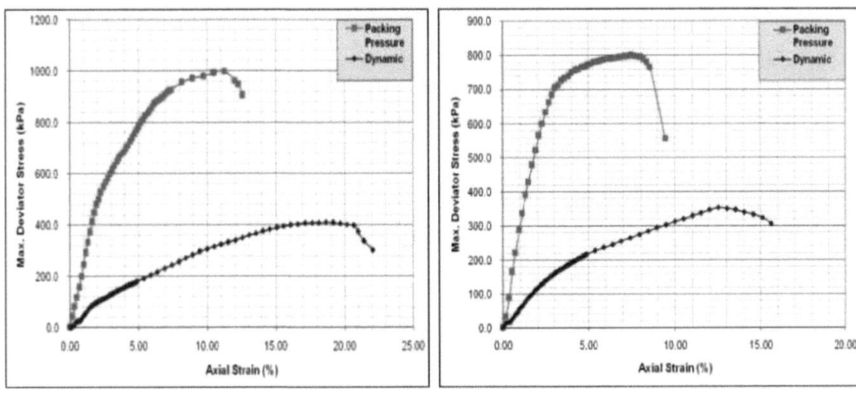

(c) Soil C   (d) Soil D

Figura 4. 11. Comparação das curvas tensão-deformação, (pressão de empacotamento estático e método de compactação dinâmica; (a) Solo A, (b) Solo B, (c) Solo C, (d) Solo D, (e) Solo E, (f) Solo F, (g) Solo G

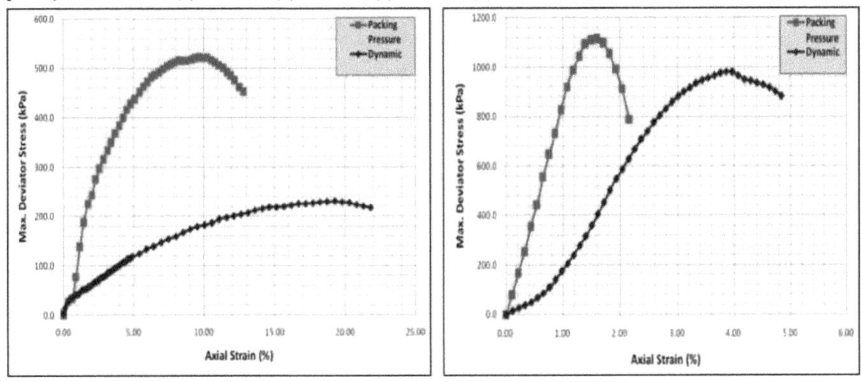

(e) Soil E   (f) Soil F

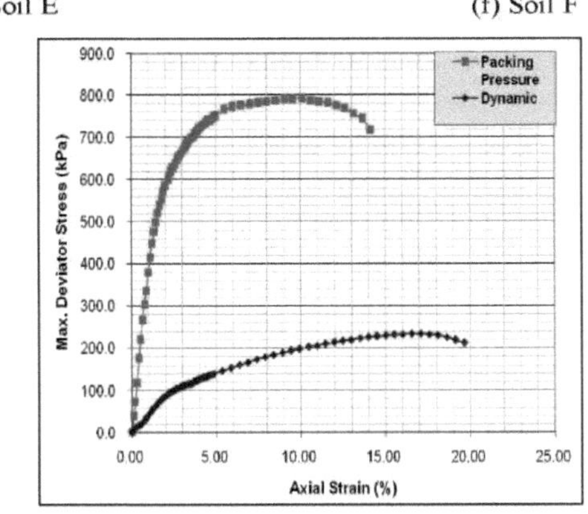

(g) Soil G

Figura 4.11. Continuar

4.5.2 Efeito das direcções A e B no ensaio de compressão não confinada
4.5.2.1 Amostras de compactação Proctor normal

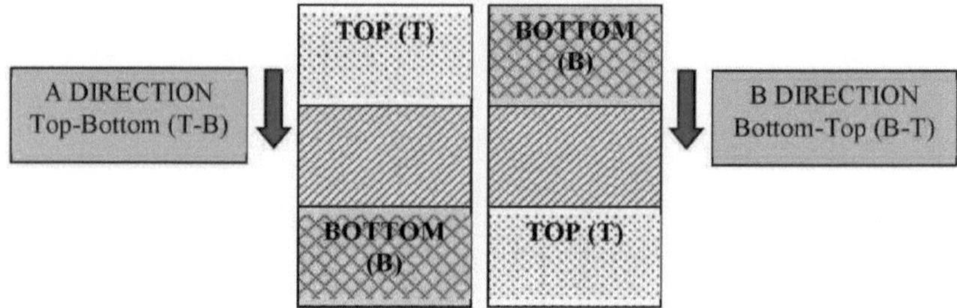

Figura 4. 12. A direção dos espécimes de solo para compactação dinâmica

Foram preparados quatro espécimes de cada amostra de solo utilizando o valor OMC obtido pelo método de compactação dinâmica. Cada espécime foi remoldado em forma cilíndrica com 50 mm de diâmetro e 100 mm de altura. Neste estudo, cada espécime foi cisalhado em duas direcções diferentes dos espécimes de solo, ou seja, na direção A e na direção B. O UCT foi utilizado para cisalhar todos os espécimes e para comparar o valor da resistência ao cisalhamento entre as direcções A e B. Na compactação dinâmica, um provete de solo foi compactado em três camadas, o que significa que a camada inferior se tornará mais densa do que as camadas intermédia e superior. Com base na Figura 4.12, a camada inferior indica a densidade mais elevada do solo e a camada superior resulta com a densidade mais baixa na compactação dinâmica. Assim, os resultados da resistência ao cisalhamento foram discutidos de acordo com a tensão desviadora máxima traçada contra o valor da deformação axial.

A Figura 4.13 mostra a comparação das curvas tensão-deformação entre os espécimes de solo remoldado (B-T) e (T-B) para espécimes de compactação dinâmica ensaiados com UCT. Os provetes de solo remoldado A, B, C, D, E, F e G foram preparados utilizando o método de compactação dinâmica. Foram preparados quatro espécimes remoldados para cada solo e a relação gráfica entre a tensão desviadora e a deformação axial é então traçada para estabelecer a curva tensão-deformação. Neste estudo, cada espécime remoldado foi cisalhado em duas direcções, a primeira com a direção A (Cima-Baixo) e a segunda com a direção B (Cima-Baixo).

As UCT foram utilizadas para cisalhar todos os espécimes e comparar o valor da resistência ao cisalhamento entre as direcções A e B. Com base no gráfico do desvio máximo, a linha azul indica os espécimes da direção A, enquanto a linha verde indica os espécimes da direção B. Em geral, os sete solos que foram testados em ambas as direcções mostraram que a direção B obteve um valor de resistência ao cisalhamento mais elevado em comparação com a direção A para todas as amostras de solo. O padrão de cisalhamento dos espécimes de solo remoldados para as direcções A e B do ensaio Standard Proctor é apresentado no Apêndice G (Figura G8). De acordo com Walter (2004), os espécimes de solo SSPP para a direção B sofreram rutura por cisalhamento frágil durante o ensaio, enquanto os espécimes de solo na direção A sofreram rutura por cisalhamento parcial. Isto deve-se ao facto de os espécimes de solo na direção B serem espécimes de solo densos ou fortemente consolidados, enquanto os espécimes de solo na direção A eram espécimes de solo ligeiramente consolidados. Em conclusão, os resultados obtidos nesta investigação seguiram uma tendência de resultados semelhante à da tese de Walter.

Quadro 4. 8. Comparação da resistência ao cisalhamento das direcções A e B por compactação dinâmica para os solos A, B, C, D, E, F e G

Soil Sample	Categories of Soil	Shear Strength (kPa) A Direction (Top-Bottom)	Shear Strength (kPa) B Direction (Bottom-Top)	Percentage differences of A-B direction (%)
A	ML	314.90	327.10	3.87
B	ML	98.85	115.00	16.34
C	CI	217.70	204.80	5.93
D	MI	153.10	176.35	15.19
E	MI	98.45	115.05	16.86
F	CH	366.90	489.90	33.52
G	MH	86.10	116.75	35.60

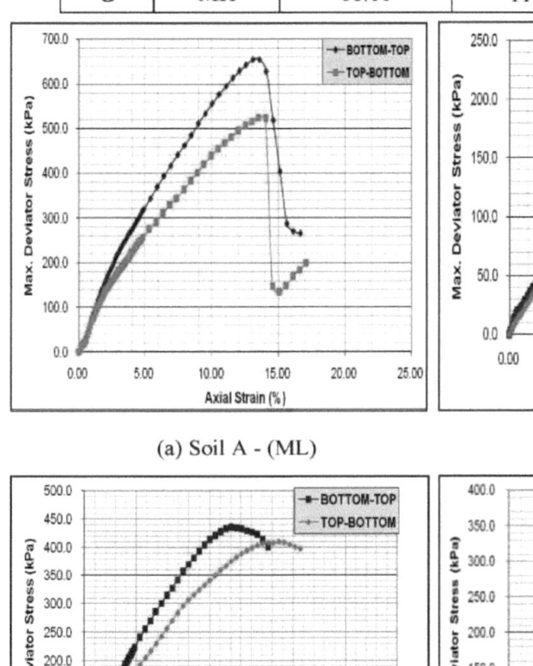

(a) Soil A - (ML)

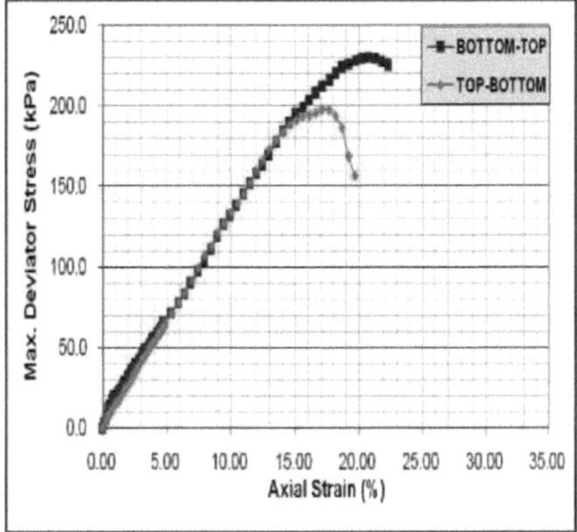

(b) Soil B - (ML)

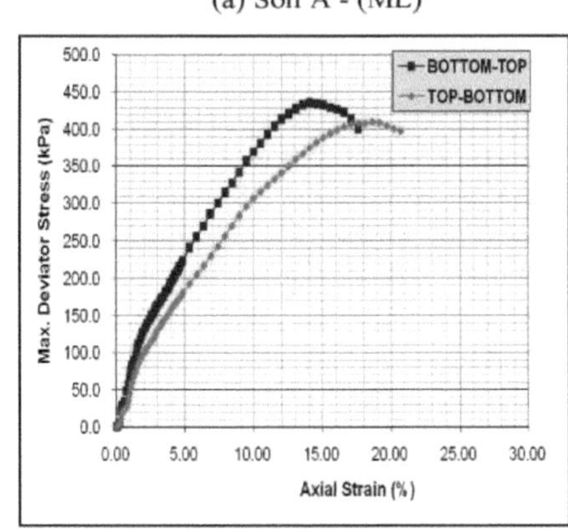

(c) Soil C - (CI)

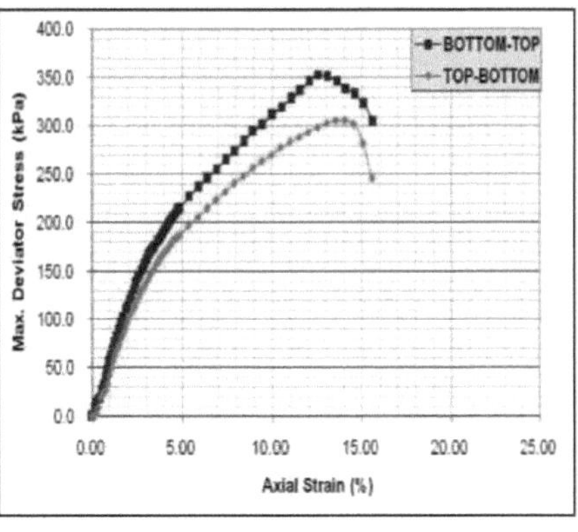

(d) Soil D - (MI)

Figura 4. 13. Comparação das curvas tensão-deformação das direcções A e B por compactação dinâmica; (a) Solo A, (b) Solo B, (c) Solo C, (d) Solo D, (e) Solo E, (f) Solo F, e (g) Solo G

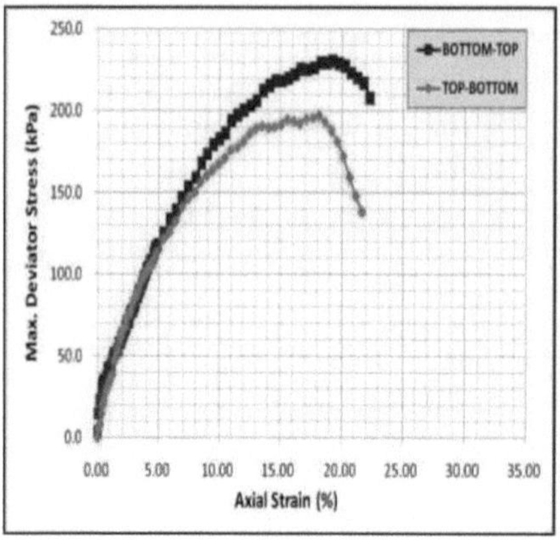

(e) Soil E - (MI)

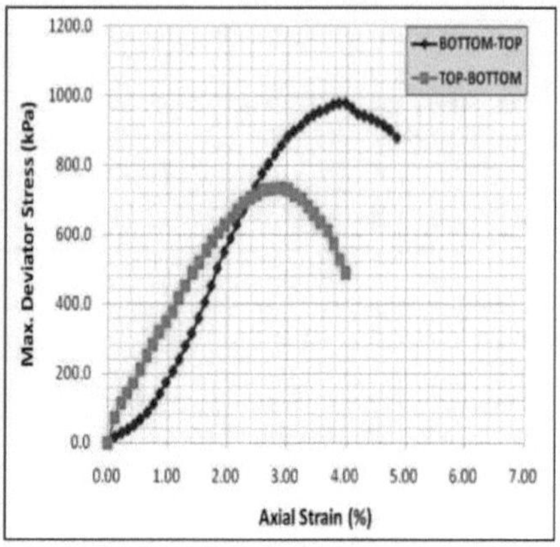

(f) Soil F - (CH)

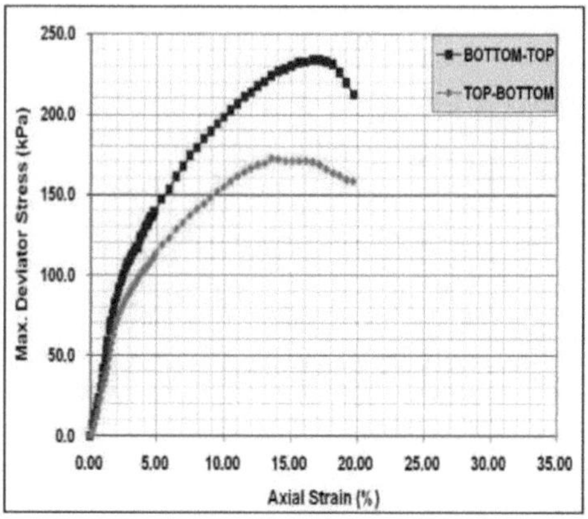

(g) Soil G - (MH)

Figura 4.13. Continuar

4.5.2.2 Amostras de solo com pressão estática de empacotamento padrão (SSPP)

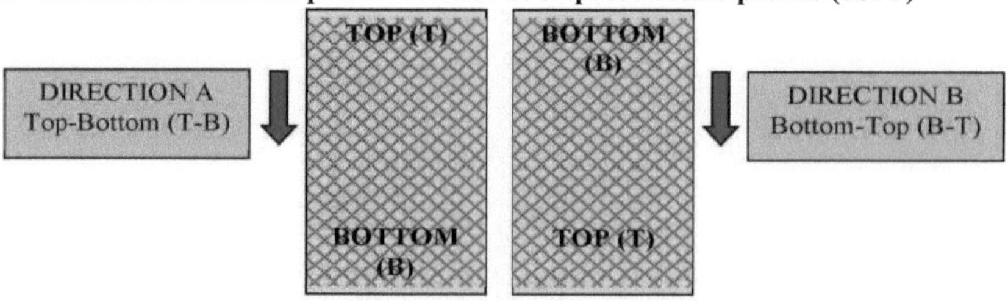

Figura 4. 14. A direção dos espécimes de solo para a pressão de empacotamento estático padrão (SSPP)

O valor de OMC obtido pelo método da pressão estática de empacotamento padrão (SSPP) foi utilizado para preparar quatro espécimes de solo para cada amostra de solo. Sete (7) tipos de solo foram utilizados para preparar espécimes de solo remoldados em forma cilíndrica de 50 mm de diâmetro e 100 mm de altura. A Figura 4.14 mostra a direção de cisalhamento dos espécimes de solo para a pressão de empacotamento estático. No ensaio SSPP, o espécime de solo foi compactado numa camada, o que significa que as camadas inferior, intermédia e superior foram homogéneas e tratadas como um todo. Neste estudo, cada espécime foi cisalhado em duas direcções de espécimes de solo, que é na direção A (Cima-Baixo) e na direção B (Cima-Baixo). O UCT foi utilizado para cisalhar todos os espécimes e a comparação dos valores de resistência ao cisalhamento entre as direcções A e B foi apresentada na Figura 4.14. De acordo com Walter (2004), todos os espécimes de solo SSPP sofreram falhas de cisalhamento frágeis quando testados nas direcções A e B, porque todos os espécimes são densos e fortemente consolidados. Com base nas curvas de comparação tensão-deformação da Figura 4.15, os resultados detalhados da resistência ao cisalhamento para ambas as direcções foram resumidos na Tabela 4.9. De acordo com os resultados da comparação da resistência ao cisalhamento, verificou-se que o valor da resistência ao cisalhamento para as direcções A e B era quase o mesmo, sendo as diferenças percentuais entre as duas direcções inferiores a 10%.

Quadro 4. 9. Comparação da resistência ao cisalhamento das direcções A e B por pressão de empacotamento estático padrão para os solos A, B, C, D, E, F e G

Soil Sample	Categories of Soil	Shear Strength (kPa) A Direction (Top-Bottom)	Shear Strength (kPa) B Direction (Bottom-Top)	Percentage differences of A-B direction (%)
A	ML	367.10	363.25	1.05
B	ML	279.80	259.00	7.43
C	CI	499.55	546.90	9.48
D	MI	399.70	380.35	4.84
E	MI	261.05	267.20	2.36
F	CH	556.45	529.00	4.93
G	MH	390.45	393.35	0.74

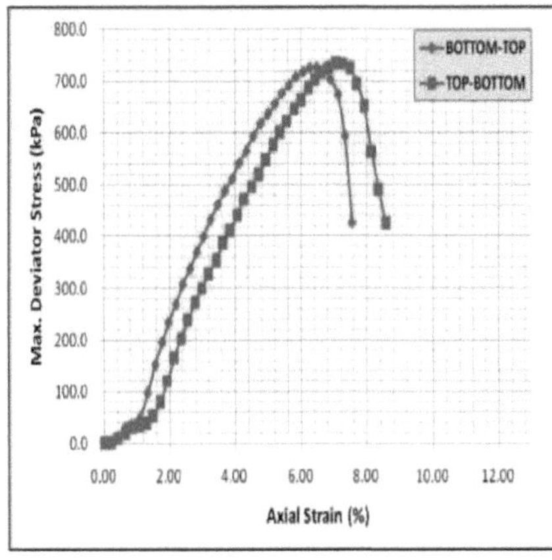

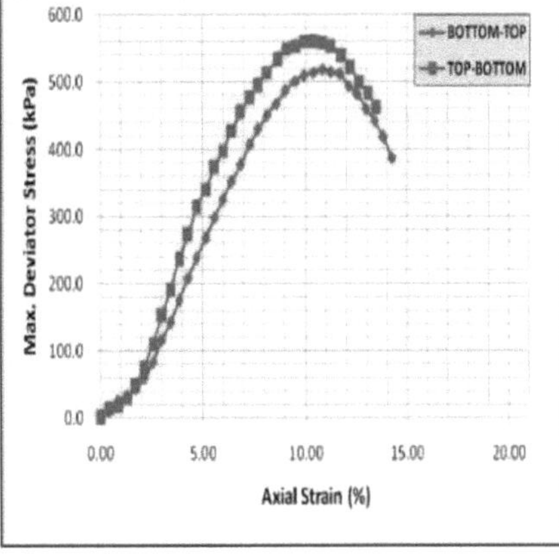

(a) Soil A - (ML)   (b) Soil B - (ML)

Figura 4. 15. Comparação das curvas tensão-deformação das direcções A e B por pressão de empacotamento estático; (a) Solo A, (b) Solo B, (c) Solo C, (d) Solo D, (e) Solo E, (f) Solo F, e (g) Solo G

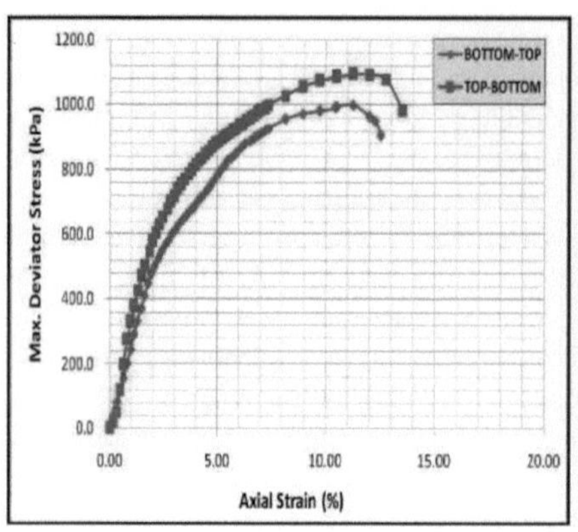

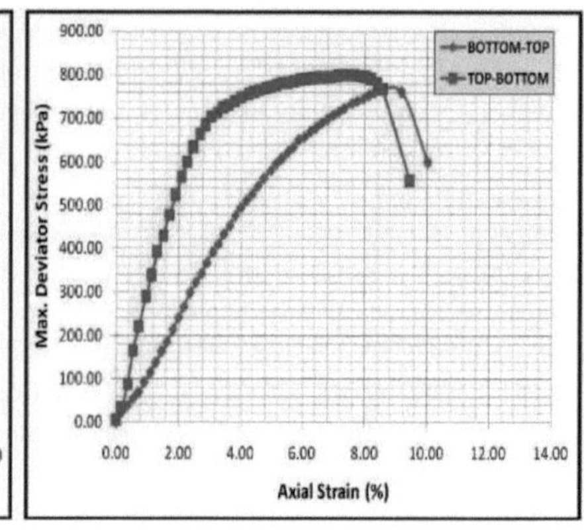

(c) Soil C - (CI)

(d) Soil D - (MI)

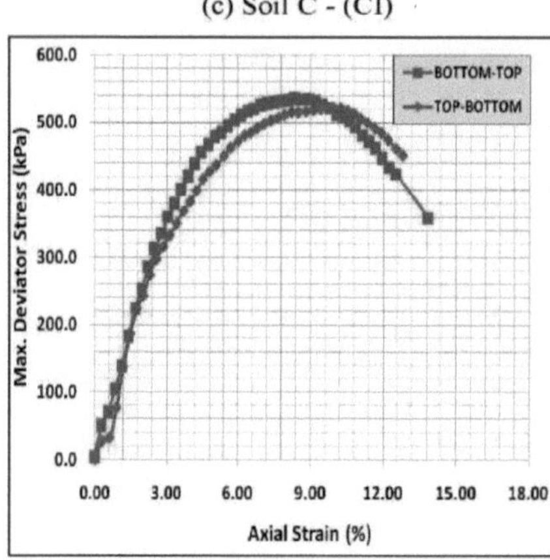

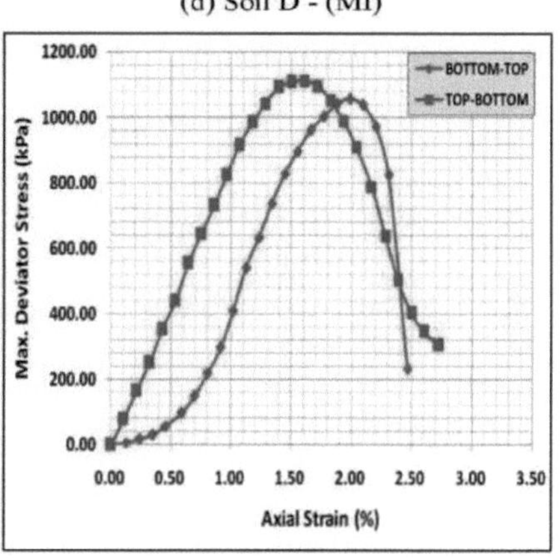

(e) Soil E - (MI)

(f) Soil F - (CH)

Figura 4. 15. Continuar

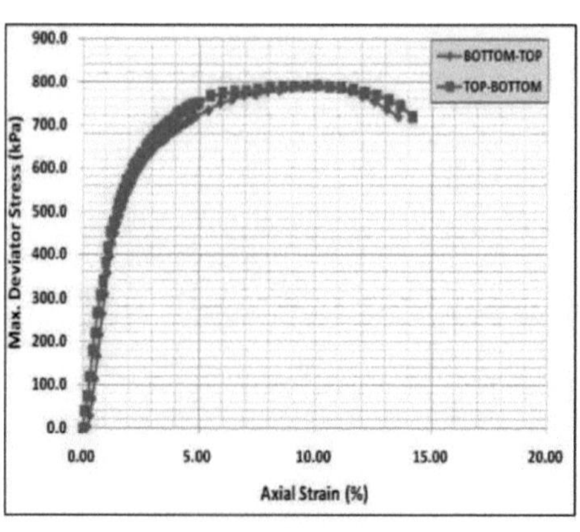

(g) Soil G - (MH)

Figura 4. 15. Continuar

4.6 Resumo

Este capítulo tem como objetivo discutir todos os resultados obtidos nos ensaios laboratoriais. O ensaio Proctor Standard e o ensaio SSPP (Standard Static Packing Pressure) foram investigados com o objetivo de determinar o melhor e mais eficaz método que pode ser aplicado em laboratório. Com base neste estudo, foram utilizadas sete (7) amostras de solo para atingir os objectivos do presente estudo. As amostras de solo foram numeradas como solo A, B, C, D, E, F e G. Foram efectuados vários ensaios para atingir os objectivos deste estudo, tais como o ensaio de propriedades físicas, o ensaio de compactação e o ensaio de resistência ao cisalhamento. As análises das propriedades físicas foram testadas de acordo com a classificação padrão dos solos e estão relacionadas com estudos de investigação anteriores. Com base nos resultados da análise comparativa, o SSPP obteve valores mais elevados de MDD e de resistência ao cisalhamento para todos os tipos de solo, em comparação com o ensaio de Proctor padrão. Assim, isto mostra que o ensaio SSPP é mais eficaz do que a compactação laboratorial Proctor Standard na obtenção de resultados exactos.

CAPÍTULO 5
CONCLUSÕES E RECOMENDAÇÕES
5.1   Conclusões

Este capítulo destina-se a concluir todos os resultados recolhidos e a mostrar que os objectivos deste estudo foram alcançados. O ensaio Proctor Standard, também conhecido como método de compactação dinâmica, é amplamente utilizado em laboratório. O objetivo desta máquina é determinar parâmetros de engenharia cruciais para a conceção de pavimentos rodoviários. O método de compactação Standard Proctor foi concebido com base na aplicação de força ao solo através de uma compactação dinâmica baseada no número de golpes. Além disso, o ensaio de pressão de empacotamento estático padrão (SSPP) foi criado como um novo método de compactação laboratorial para colmatar qualquer falta do método de compactação dinâmica.

De acordo com a norma BS 1377, o ensaio laboratorial CBR necessita de valores de teor de humidade ótimo (OMC) para preparar os espécimes de solo. Além disso, os valores de OMC são utilizados na preparação dos espécimes de solo remoldados para determinar a resistência ao cisalhamento dos espécimes de solo. Com base nos dados de comparação, as diferenças entre a Densidade Seca Máxima (MDD) da pressão de empacotamento estático e a MDD da compactação dinâmica variaram entre +0,57% e +13,59%, enquanto a OMC da pressão de empacotamento estático e a OMC dinâmica variaram entre -10,52% e -43,34% para todas as amostras de solo. De acordo com os resultados da análise MDD e OMC, todas as amostras de solo compactadas pelo método de pressão de empacotamento estático dão um valor de densidade mais elevado em comparação com o método de compactação dinâmica. Um valor mais elevado de MDD significa que a amostra de solo está totalmente compactada de forma homogénea. A determinação dos valores de OMC e MDD é muito importante para obter o melhor resultado para qualquer ensaio que o necessite.

O principal fator que afecta o valor de MDD e OMC para todas as amostras de solo provém das categorias de classificação do solo. Durante o processo de compactação, a compactação aplicada é o elemento mais importante para indicar se o solo foi totalmente compactado ou não. Proctor (1933) concebeu a sua técnica fixando a quantidade de energia para todos os tipos de solo, quando, na realidade, cada solo necessita de uma quantidade específica de energia para a compactação. De acordo com o processo de compactação, os valores da energia de pressão de empacotamento estático ($E_{(SSPP)}$) para sete amostras de solo variaram entre $E_{(SSPP)}$=285,35 kJ/m^3 e $E_{(SSPP)}$=544,48 kJ/m^3 , enquanto a energia de compactação dinâmica ($E_{(Dy)}$) tem uma energia fixa de $E_{(Dy)}$=597,0 kJ/m^3 para todos os tipos de solo. A quantidade de energia da pressão de empacotamento estático para sete amostras de solo que foram testadas deu menos energia do que o valor da energia dinâmica, embora o valor MDD da pressão de empacotamento estático seja mais elevado do que o método de compactação dinâmica.

O ensaio de compressão não confinada (UCT) foi aplicado neste estudo para determinar e comparar o valor da resistência ao cisalhamento entre os espécimes de compactação SSPP e Standard Proctor. Para a determinação da resistência ao cisalhamento, sete amostras de solo foram compactadas com base no valor OMC, com dimensões de 50 mm de diâmetro x 100 mm de altura. A partir da análise das curvas de tensão de cisalhamento, o espécime remoldado com pressão de empacotamento estático deu maior valor de resistência ao cisalhamento em comparação com o remoldado dinâmico. A diferença do valor da resistência ao cisalhamento entre a compactação dinâmica e a pressão de empacotamento estático variou entre +7,47% e +70,38% para as sete amostras de solo. Com base nos resultados da comparação, o ensaio de pressão de empacotamento estático deu um valor de resistência ao cisalhamento mais elevado em comparação com o ensaio de compactação dinâmica. Além disso, a comparação do valor da resistência ao cisalhamento na direção

A (topo-fundo) e na direção B (fundo-topo) foi feita para comparar os espécimes de pressão de compactação dinâmica e estática. De acordo com os resultados da comparação, o cisalhamento através da direção B é mais elevado em quase 3,87% a 33,52% da direção A para os espécimes de compactação dinâmica. Em seguida, para os espécimes de pressão de empacotamento estático, o valor da resistência ao cisalhamento para as direcções A e B é semelhante entre si, onde as diferenças percentuais são apenas de cerca de 0,74% a 9,48%. Em conclusão, o principal fator que afecta a amostra de compactação dinâmica é o facto de a amostra na direção B ser mais densa do que a amostra na direção A. Assim, isto mostra que a compactação dinâmica não é homogénea em comparação com o SSPP.

Com uma investigação adequada, espera-se que este estudo venha a acrescentar mais conhecimentos para melhorar a compreensão do método de compactação em laboratório, especialmente para a construção de estradas. Com base nos resultados experimentais, a pressão estática de compactação padrão (SSPP) obteve valores mais elevados de MDD e de resistência ao cisalhamento para todas as amostras de solo testadas, em comparação com o ensaio Proctor padrão. Na construção de estradas, o valor da densidade do solo na camada de sub-base da estrada deve atingir pelo menos 95% dos dados obtidos na compactação em laboratório. Assim, o valor mais elevado de MDD em laboratório aumentará automaticamente a densidade do solo na construção da estrada de sub-base. A densidade do solo e a resistência ao cisalhamento do solo na camada de sub-base da estrada podem ser melhoradas aumentando o número de passagens do rolo compactador durante o processo de compactação. Além disso, uma melhoria da densidade do solo na camada de subleito ajudará a reforçar a camada de subleito quando receber cargas pesadas de veículos. Com base nesta investigação, o ensaio SSPP deve ser comercializado no laboratório de auto-estradas, uma vez que se provou que dá um valor mais elevado de MDD em comparação com o ensaio Standard Proctor.

5.2   Recomendações
O objetivo geral do presente estudo foi investigar a eficácia do ensaio de pressão de empacotamento estático padrão (SSPP) em comparação com o ensaio Proctor padrão. Devido às observações experimentais e aos dados de análise deste estudo de investigação, há alguns trabalhos recomendados para investigação futura. Podem ser feitas as seguintes recomendações;

1. Considerar o estudo de mais tipos de solo de várias categorias na tabela de plasticidade, tais como no grupo de solos de plasticidade baixa, média, alta, muito alta e extremamente alta.
2. Estudo adicional para comparar outros métodos de compactação em laboratório. Comparação entre o método SSPP (Standard Static Packing Pressure), o amassamento, o compactador giratório e o método de compactação dinâmica.
3. Estudo mais aprofundado para efetuar o RBC com base numa técnica estática e comparar com o conceito dinâmico.
4. O método de compactação dinâmica tem o seu próprio gráfico para utilizar na conceção da espessura do pavimento rodoviário. Assim, é necessário desenvolver uma nova tabela de pressão de empacotamento estático padrão (SSPP) para CBR para a espessura de projeto de estradas.
5. Classificar o solo com base na sua própria pressão de empacotamento estático padrão (SSPP) e conceber um novo gráfico para categorizar o solo quanto ao seu valor de pressão de empacotamento estático.

REFERÊNCIAS
Abdullah, A. I. M. B., e Chandra, P. (1987), "Engineering Properties for Coastal Subsoils in Peninsula

Malaysia," in *Proceeding of the 9th South East Asia Geotechnical Conference*, Bangkok: Tailândia. pp. 127-138.

Alfred, H. D. M. (1969), "The Basic Principles of Soil Compaction and the Application", *A century of Soil Mechanics. The Institution of Civil Engineering*; pp: 333-355.

Barry, R. (2001). *A construção de edifícios* (5th Edition). Backwell Science.

Bell, F.G. (1996), *Lime stabilization of clay minerals and soils,* Departamento de Geologia e Geologia Aplicada, Universidade do Natal Private Bag XIO, Dalbridge, 4014, África do Sul.

Bergado, D.T., Anderson, L.R., Miura, N., e Balasubramaniam, A.S. (1996), "Soft Ground Improvement in lowlandand other environment," *ASCE*, pp 472.

Braja M. Das. (1998), *Principles of Geotechnical Engineering*, PWS Publishing Company

Braja, M. Das. (2008), *Fundamentals for Geotechnical Engineering* (3rd Edition), Global Publishing: Chris Carson.

Braja, M. Das. (2009), *Principles of Geotechnical Engineering* (7th Edition), Global Publishing: Chris Carson.

Brown, M.J. (2006). "Feasibility of Using Gyratory Compactor to Determine Compaction Characteristics of Soil", (Tese de Mestrado em Ciências, Departamento da Universidade Estatal de Montana, Bozeman, Montana)

BSI 1377- Parte 2, (1990), *Solo para fins de engenharia - Teste de classificação.* Método de ensaio laboratorial de solos

BSI 1377- Parte 4, (1990), *Solos para fins de engenharia - Compactação e ensaios relacionados.* Método de ensaio laboratorial de solos.

Cater, M., e Bently, S.P. (1991), *Correlations of Soil Properties*, Publishers London.

Cernica, J.N. (1995), *Geotechnical Engineering, Soil Mechanics,* John Wiley and Sons

Chen, C.S. e Tan, S.M. (2003), "Engineering Properties of Soft Clay From Klang Area," in *Second International Conference on Advance in Soft Soil Engineering and Technology,* 2-4 de julho de 2003, Putrajaya, Malásia, pp. 79-87.

Craig, R.F., (1987), *Soil Mechanics* (4th Edition), Van Nostrand Reinhold (UK)

Craig, R.F. (2004), *Craig's Soil Mechanics* (7th Edition), Taylor and Francis Group

Danistan, J., and Vipulanandan, C., (2010), "Correlation Between California Bearing Ratio (CBR) dnd Soil Parameters," *Proceedings CIGMAT-2010 Conference & Exhibition 1*, Department of Civil and Environmental Engineering, University of Houston.

Fredlund, D.G., e Rahardjo, H., (1993), *Soil Meachanics for Unsaturated Soils.* John Wiley and Sons. Inc

Mapa Geológico da Malásia Peninsular (1985), 8th Edition.

Hadas, A., (1987), "Soil compaction under quasi-static and impact stress loading," *Soil Tillage Res, 9*: pp 181-186

Hafez, M. A (2007), "The Influence of Static Packing Pressure and Electric Conductivity of Strength of Lime and Cement Stabilized Soft Clay," (Tese de Doutoramento em Filosofia, Universidade da Malásia, 2007)

Holtz, R.D., e Kovacs, W.D., (1981), *An Introduction to Geotechnical Engineering.* Prentice Hall, Inc., Englewood Cliffs, N.J.

Jabatan Kerja Raya, (1994), *Manual on Pavement Design, Arahan Teknik (Jalan) 5/85.* pp 1-27

Jimenez-Salas J.A, (1995), "Foundations on unsaturated soils-Part two Expansive clays," *First International Conference on Unsaturated Soils, Paris, 1995*, pp. 1441-1463

Kenneth L. Lee e Steven C. Haley, (1968) "Strength of Compacted Clay at High Pressure," in *Placement and Improvement of Soil to Support Structures on ASCE Soil Mechanics and*

Foundation Division Specialty Conference, August 26 1968, pp 345-377

Lee, P. Y e Suedkamp R. J, (1972), *"Characteristic of Irregular Shaped Compaction Curves of Soil",* Principles of Geotechnical Engineering

Lay, M.G., (2009), *Handbook of Road Technology,* (4th Edition). Grupo Taylor e Francis

Mesbah, A., Morel, J.C., e Olivier, M, (1999), "Clayey soil behavior under static compaction test," *Materials and Structures,* Vol 32; pp 687-694

Michael, R.L., (2011), *Civil Engineering Reference Manual for the PE exam,* (12th Edition). Publicações Profissionais Inc

Mike, V., e Adam, M., (2003), "A Laboratory Technique for Estimating the Resilient Modulus Variation of Unsaturated Soil Specimens from CBR and Unconfined Compression Tests," (Licenciatura em Engenharia Civil, Faculdade de Engenharia da Universidade de Lakehead, maio de 2003)

Nurul. E.K., Intan, R.E., e Baharuddin. B, (2010), "Types of Damages on Flexible Pavement for Malaysian Federal Road," *Processo do Fórum e Conferências de Investigação sobre Transportes das Universidades da Malásia 2010 (MUTRFC2010),* Universiti Tenaga Nasional; pp 421-432

Phatak, D.R., e Gite, H.K., (2009), *Highway Engineering Degree Course in Civil Engineering,* (2nd Edition). Nirali Prakashan

Ping, W.V., Xing, G.L., Leonard, M., e Yang, Z, (2003), "Evaluation of Laboratory Compaction Technique for Stimulating Field Compaction (Phase II)," Department of Civil & Environmental Engineering, Florida A&M University- Florida State University Tallahassee, Florida

Proctor, R.R, (1933), "Fundamental Principles of Soil Compaction," *Engineering News Record,* Vol 111, no. 9

Raj, P.P., (2007), *Soil Mechanics and Foundation Engineering,* Pearson Education India

Reddy, B.V. e Jagadish, K.S., (1993), "The Static Compaction of Soils," *Journal Geotechnique 45, The Insitution of Civil Engineers London, Volume XLIII,* no. 2 , pp 337-341

Reddy, B.V. e Jagadish, K.S., (1995), "The Static Compaction of Soils," *Journal Geotechnique 45, The Insitution of Civil Engineers London,* pp 363-367

Reddy, E. S., e Sastri, K.R, (2002), *Measurement of Engineering Properties of Soils,* New Age International Publishers

Robert, W.B., (2001), *Practical Foundation Engineering Handbook,* (2nd Edition). Mc-Graw Hill

Rollings, M.P., e Rolling, R.S.J., (1996), *Geotechnical Materials in Construction,* Mc Graw Hill, New York

Saiful Azhar (2003), "Ciri-Ciri Kejuruteraan Minerologi and Mikrostruktur Tanah Liat Lembut di Semenanjung Malaysia," (Tese de Mestrado, Universiti Teknologi Malaysia, 2003)

Sarka, P., e Eloranta, P, (2001), *Rock Mechanics,* Taylor and Francis

Spiglon, S.J, (2001), *Geotechnical Engineering,* Mc Graw-Hill

Walter, T., (2007), "The Influence of Static Packing Pressure and Compactive efforts on the Strength of Remould Clay Sample," (Mestrado em Engenharia Civil, Universidade Tecnológica de MARA, não publicado em novembro de 2011)

Terzaghi, K., Ralph, B. P., e Gholomreza, M, (1996), *Soil Mechanics in Engineering Practice,* (3rd Edition), John Wiley and Sons.Inc

The Highways Agency (1994), Design Manual for Roads and Bridges

Venkatramaiah, C, (2007), Geotechnical Engineering, (3rd Edition), New Age International Publishers

Whitlow, R, (2004), Basic Soils Mechanics, (Volume 4), Person Education Ltd, Prentice-Hall

Yang, G., Xiong, B., e Zhang, B., (2011), "Estudo sobre a caraterística de engenharia do California Bearing Ratio (CBR) do material do subleito da via rápida", Advanced Materials Research Vols. 250-253 (2011) pp 3759-3762

Zorita, M.D., Grove, J.H., e Perfect, E., (2001), "Laboratory Compaction of Soils using a small Mold Procedure," Soil Sci. Soc, EEA INTA General Villages, Vol 65 (Dec 2001) pp 1593-1598

Printed by Books on Demand GmbH, Norderstedt / Germany